Themengärten

URSEL BORSTELL
CHRISTA HASSELHORST

Themengärten

Inspirationen für Ihre Gartengestaltung

Was Sie in diesem Buch finden

Einführung

»Die Größe eines Gartens hat im Grunde nichts mit seiner Schönheit zu tun. Es hängt vielmehr vom Herzen, vom Verstand und vom ernsthaften Bemühen des jeweiligen Besitzers ab, ob sein Garten reizvoll oder langweilig ist.« Dieses Credo von Gertrude Jekyll, Englands großer Gartenkünstlerin des frühen 20. Jahrhunderts, ist Trost und Ansporn zugleich für jeden Gartenbesitzer.

Die Größe ist nicht entscheidend

Gleichgültig also, ob groß oder klein - entscheidend ist, wie der Traumgarten Wirklichkeit wird und welche Wünsche und Anforderungen man an seinen Garten hat. Was erwartet man von ihm? Wie fügt er sich in die Umgebung ein? Passt er zum Stil und den Proportionen des Hauses? Inszeniert man sich ein kleines mediterranes Idyll oder soll es ein verspielter Garten im englischen Cottage-Stil sein? Will man vielleicht das verwunschene Paradies aus Kindertagen wieder auferstehen lassen? Der eine ist fasziniert von asiatischer Exotik, der andere liebt farbenfrohe englische Staudenrabatten oder den formalen Garten mit akkurat geschnittenen Hecken! Manche mögen es etwas tropisch oder wollen einen erkennbar modernen Garten. Die Romantikerin möchte unter einer duftenden Kletterrose Tee trinken, der Globetrotter vor einem Bambuswald! So viele unterschiedliche Gartenstile - und das Schöne daran ist: Es gibt kein Dogma mehr. Auch wenn Nutzgärten, Gärten im englischen Stil und naturnahe Gärten im Trend liegen - letztlich kann jeder nach seiner grünen Fasson selig werden.

Dieses Buch will Sie ermutigen, Ihren ganz persönlichen Gartenstil zu entdecken. Erkennen Sie, welcher Gartentyp Sie sind und welcher Stil Ihren Wünschen und Bedürfnissen am besten entspricht. Lassen Sie sich von den 22 Kapiteln mit ganz unterschiedlichen ästhetischen Ansätzen anregen.

Die beschriebenen Beispiele entstammen bis auf wenige Ausnahmen den fast fünfzig verschiedenen Themengärten aus dem »Park der Gärten« in Bad Zwischenahn (Niedersachsen). Angelegt wurden sie von Garten- und Landschaftsbaubetrieben aus der Region, um Gartenbesitzern anschaulich öffentlich begehbare Möglichkeiten der Gartengestaltung zu zeigen. »Spazieren« Sie also mit diesem Buch durch die Themengärten. Sie erhalten viele Inspirationen, handfeste konkrete Anregungen und praxisnahe, gut umsetzbare Tipps. Schließlich soll Ihr Garten nicht nur schön, sondern auch realisierbar - und bezahlbar - sein.

Von etlichen Träumen muss man auch Abschied nehmen und Kompromisse eingehen. Jeder Garten hat seine Bedingungen. Im einen ist der Boden extrem trocken, im anderen sumpfig-feucht. Selbst Besitzer von Schattengärten müssen nicht verzweifeln, denn es gibt eine Vielzahl von Pflanzen, die dort prachtvoll wachsen und auch lichtarme Ecken in zauberhafte grüne Reiche verwandeln.

Erkennen Sie also die Möglichkeiten, die in Ihrem Garten stecken. Nutzen Sie seine Vorzüge und siedeln Sie möglichst jene Pflanzen an, die genau dort optimal gedeihen. Ganz wie Englands berühmtester Gartenkünstler des 18. Jahrhunderts, Lancelot Brown, der den Beinamen »Capability« bekam, weil er in jedem Fleckchen Erde dessen »Fähigkeiten« erkannte.

Stimmungen erzeugen, ganz nach Geschmack

Heute sind es Stauden-Experten wie die Engländerin Beth Chatto oder der Holländer Piet Oudolf, die standortgerechte, naturnahe Pflanzungen populär gemacht haben. Viele zeitgenössische Gartengestalter plädieren auch dafür, dass es nicht nur um die Schönheit und Farbenvielfalt von Blüten geht, sondern um das gesamte Erscheinungsbild einer Pflanze (Form, Gestalt, Textur des Blattwerkes) in möglichst harmonischer Gemeinschaft mit ihrer Umgebung. Erst durch das geschickte Kombinieren verschiedener Bodendecker, Stauden, Gräser, ein- und zweijähriger Pflanzen mit Gehölzen werden spezielle Stimmungen erzeugt. Damit erschafft der Gärtner/die Gärtnerin Szenerien, die eine romantische, bäuerliche, exotische, elegante oder wildhafte Wirkung hervorrufen. Eine kunterbunte Staudenrabatte hat einen anderen Effekt als eine sanfte Sinfonie nur aus Grün-Nuancen - reizvoll und sinnlich ist beides.

Apropos: Machen Sie es wie die Engländer, die gehen »gärtnern« und nicht »im Garten arbeiten« – allein in der Sprachwahl sieht die deutsche Gartenkünstlerin Gabriella Pape (Königliche Gartenakademie Berlin) den Mentalitäts-Unterschied. Dennoch: Auch wir lieben unseren Garten, entdecken ihn gerade heute wieder neu und immer mehr als Zuflucht, als ein privates Paradies der Sinne, wo wir abtauchen und auftanken können. Hier können wir eigenes Gemüse anbauen und unseren Kindern damit spielerisch Weg und Wert der Nahrung zeigen. Der Garten ist ein lebendiges Experimentierfeld, in dem sich unsere Kreativität ständig neu entfalten kann.

In welchem Stil auch immer Ihr Garten angelegt sein wird, genießen Sie ihn und betrachten Sie ihn als eine wunderbare Herausforderung. Denn er wandelt sich ständig und wird nie perfekt sein. Das darf er auch gar nicht, wenn es nach dem großen Potsdamer Staudenzüchter und Garten-Philosophen Karl Foerster geht: »Wer mit seinem Garten zufrieden ist, hat ihn nicht verdient!«

Ein spätsommerliches Beet, virtuos gestaffelt und Ton in Ton abgestimmt: Hinter Tagetes ragen Sonnenhut und Staudensonnenblume gen Himmel. Gaura, Federborstengras und Chinaschilf bringen Leichtigkeit, blauer Mehl-Salbei setzt farbenfrohen Kontrast.

Themenbereich

Blumengarten

Stauden als vielseitige Alleskönner

Staudenbeete bilden die Schmuckstücke in jedem Garten. Denn Stauden sind universale Alleskönner, mehrjährige, langlebige blühende Schönheiten in der grandiosen Farbpalette eines Malkastens. Was genau aber ist eine Staude? Ein »krautiges Gewächs, das jedes Jahr neu austreibt«. Was fachlich so unschön trocken klingt, ist in Wirklichkeit das, was den Gartenbesitzer ständig anspornt und bei Erfolg in höchstem Maße erfreut und beglückt. Stauden bilden eine höchst unterschiedliche und sehr große Sippe. Zu ihnen zählen niedrige Bodendecker ebenso wie hohe Rittersporne, Iris und Astern, die unzählige Vielfalt der Zwiebelblumen und sogar die Dahlie. Selbst etliche Gräser und Farne gehören in diese riesige Familie.

Blütenpracht bis zum Herbst

Um sich an einem prachtvollen Staudenbeet möglichst vom Frühjahr bis in den späten Herbst zu erfreuen, ist vorherige präzise Planung hilfreich. »Das Wesen der Gartenkunst ist die Art und Weise, wie Pflanzen miteinander kombiniert werden«, war das Credo der englischen Gartengestalterin Beth Chatto. Es gilt besonders für die Platzierung von Stauden. Die Kenntnis von Farben, Formen, Texturen, Strukturen einer Pflanze in Kombination mit ihren Nachbarn – das ist das ganze Geheimnis eines gelungenen Staudenbeetes. Die viel bewunderten Vorbilder in englischen Gärten sind nicht nur so bezaubernd, weil das milde Klima vieles besser gedeihen lässt, sondern weil die Briten mit profundem Wissen und Passion ihr Stückchen Eden entwerfen.

Kein Fitzelchen braune Erde ist in den legendären englischen Staudenrabatten und »mixed borders« (Stauden und Gehölze vereint) zu entdecken – dank einer ausgeklü-

Ein gelungenes Potpourri aus unterschiedlichen Blütenformen und -farben wird verbunden durch zartes Grün. Den dekorativen Schlussakkord setzt der elegante grün-weiß panaschierte Pagoden-Hartriegel als Hintergrund.

So stimmig vereinen sich die Komplementärfarben Gelb und Lila und heben sich gegenseitig in ihrer Wirkung. Obendrein geben die hohen Kandelaber der Königskerze dem wogenden Meer von Lavendel eine vertikale Stütze.

gelten Blühfolge: Auf Akelei, Pfingstrose und Tränendes Herz, die bis Juni blühen, folgen zum Beispiel Lupine, Storchschnabel, Glockenblume und als strahlender Sommer-Höhepunkt der Rittersporn. Welkt deren Pracht, kommt die Schönheit des reich und lang blühenden Zier-Salbeis erst richtig zur Geltung, die Silberkerze reckt ihre schimmernden schlanken Stängel gen Himmel und die ersten Sonnenbräute leuchten golden. Im Spätsommer lenken dann Sonnenhut, Astern und die Japan-Anemone die Blicke auf sich.

Wichtig ist, dass alle Pflanzen in einem raffinierten Blüh-Rhythmus so miteinander kombiniert werden, dass sich jede Lücke gleich wieder füllt, damit das Spiel der Farben und Formen nicht unterbrochen wird. Sollte dies doch passieren, dienen schnellwachsende einjährige Sommerblumen als herrliche »Lückenfüller«.

Sie sollten sich also vertraut machen mit den charakteristischen Eigenschaften Ihrer Favoriten. Hilfreich ist eine exakte Liste. Wann beginnt die Blühphase und wie lange dauert sie? Wie hoch wächst die Pflanze? Wie passt sie mit ihrer Gestalt – hoch aufragend und schmal oder breit und weitverzweigt, kompakt oder filigran – und mit der Textur der Blätter zu den umgebenden Gewächsen? Welchen Platzbedarf hat sie? Wie muss die Pflanzdichte, der Abstand zu anderen Pflanzen sein? Wie sind die Licht- und Schattenverhältnisse für die Beete? Welchen Standort – Sonne, Halbschatten oder Schatten – und welchen Boden (sandig, durchlässig, schwer, kalkhaltig, säurehaltig)

So regt man Blütenfülle an

Manche Stauden, wie Zier-Salbei, Rittersporn und der buschige blaue Bartfaden, werden durch Rückschnitt nach der ersten Blüte zur Bildung eines neuen Flors im Spätsommer angeregt.

bevorzugen die Stauden? Die meisten Funkien schätzen schattige Standorte, Mohn und Phlox hingegen fühlen sich erst richtig wohl in voller Sonne. Wer solche Grundregeln beachtet, erspart sich manchen Misserfolg.

Von Traumpaaren und Rivalen im Blumenbeet

Bei den Pflanzen ist es wie bei den Menschen: Sie haben Freunde und Feinde. Es gibt stilistische Traumpaarungen und solche, die sich nicht riechen können. Klassische harmonische Duos sind Rosen mit Lavendel, Zier-Salbei oder Katzenminze. Der stark zehrende Rittersporn ist kapriziös und mag längst nicht jeden als Nachbarn. Aber Rosen bevorzugt er, beide lassen sich gerne mit Kompost und Mist verwöhnen und sind optisch schlicht ein schönes Paar. Erzfeinde sind hingegen Lilien und Tulpen, denn deren Zwiebeln können Viren haben, die den Lilien glatt den Garaus machen.

Doch erst die gleiche Blühzeit macht zwei Pflanzen zum perfekten Pärchen. Kunterbunte Lupinen und knallroter Türken-Mohn treffen sich zum temperamentvollen Rendezvous im Juni. Blaue Katzenminze und gelbgrüner Frauenmantel ergänzen sich stimmungsvoll im Juli. Rosig violetter Wasserdost und die flammende Fackellilie geben ein gewagtes Pas-de deux im August. Die noble weiße Herbst-Anemone ist äußerst anpassungsfähig und gleicht das Farbfeuerwerk von Dahlien und Astern aus.

Glänzende Hauptdarsteller und ideale Statisten

Manche Stauden sind so dominant, dass sie am besten für sich alleine wirken, aber üppig gepflanzt, bitte. Madonnen-Lilien, Kaiserkronen, Pfingstrosen, Tulpen gehören dazu. Andererseits: einzeln gestreut im Staudenbeet, sind sie Hingucker zwischen anderen Blumen, setzen Akzente durch ihre Farbe oder Gestalt. Dazu gehört er-

Der kunterbunte Mix von Farben und Formen fügt sich zu einem harmonischen Puzzle. Filigrane Blütenrispen und Gräser erheben sich elegant über die bodennahen Blattrosetten der Blütenpflanzen und die großen Blatthorste der Funkien.

Ein nobles Paar bilden Katzenminze und Schwarzer Lauch *(Allium nigrum)*, der seinem Namen zum Trotz mit weißen Blütendolden bezaubert. Sie duften und eignen sich nach der Blüte als ideale Trockenblumen.

Violett und Rot, das heißt Sommer pur und Lebenslust. Hier entsteht die Wirkung nicht durch Mischung, sondern durch opulentes Nebeneinander von Zier-Salbei und Sonnenbraut.

neut der Rittersporn: Mal ist er grandioser Begleiter, dann sorgt er für extravagante Effekte mit seiner herausragenden Blütenkerze. Den größten Zauber jedoch verbreitet er, wenn er in großer Zahl auftritt, in unterschiedlichsten Blau-Schattierungen einen wogenden Ozean bildet oder weiße Schaumkronen.

Ähnliches gilt für den Sommer-Klassiker Phlox, der neben nostalgischer Nonchalance auch noch mit süßlichem Duft betört. »Ein Leben ohne Phlox ist ein Irrtum«, befand der große Potsdamer Staudenzüchter Karl Foerster. Er kreierte neben einigen der schönsten Phlox-Sorten auch zahlreiche andere Gartenjuwele, vor allem Rittersporn in fantastischen Blau-Nuancen.

Je nach Kombination kann eine Staude die Wirkung der Beet-Nachbarin ergänzen, unterstützen oder erhöhen. Nicht nur farblich, sondern auch durch Form, Habitus und Staffelung. Manche Stauden sind regelrechte Giganten: Hohe Dahlien, Meerkohl, Riesen-Ehrenpreis, Wasserdost, Steppenkerzen zählen dazu. Sie eignen sich als imposanter Hintergrund ebenso wie als prächtiger Mittelpunkt im Beet. Eine harmonische Rabatte sollte ein ausgewogenes Verhältnis von Schwergewichten und luftigen Kontrasten haben. Es ist wie im Theater: Manche Stauden sind geborene Hauptdarsteller, andere ideal für die Nebenrolle. Es gibt Leit-, Begleit- und die niedrigen Füllstauden. Eine gelungene Staudenrabatte ist eine große Herausforderung, denn sie entwickelt ihre ganze Pracht erst im Laufe von Jahren.

Grüne Hecken als Kulissen

Wo sollen die Beete im Staudengarten angelegt werden? Säumen sie Wege, Hecken oder Mauern? Vor einem grünen Hintergrund entfalten sich farbenfrohe Blüten besonders theatralisch. Eine streng geschnittene Hecke als Kulisse wirkt ruhiger als locker verzweigte Gehölze. Eine Staffelung von niedrigen Stauden am Beetrand (Frauenmantel, Bergenie) zu höheren im Hintergrund erzeugt Spannung und Abwechslung. Lange Doppel-Rabatten geben einem Garten Perspektive und Tiefe. Abwechslung bringen Themen-Beete, die entweder kunterbunt oder nur in einer Farbe leuchten. Die Insel-Rabatte ist von mehreren Seiten zu bewundern und kann sich zur Mitte hin staffeln – z. B. mit einer Königskerze als Krönung – oder einen Flor in gleichmäßiger Höhe bilden. Soll ein Beet das Herz des Gartens sein, ist eine immergrüne strenge Einfassung aus Buchs ein formaler Rahmen, in dem sich orgiastische Fülle umso prachtvoller entfaltet. Als Mittelpunkt eignen sich Rankgerüste mit Kletterrosen, Stauden mit Pyramidaleffekt wie Ehrenpreis, Wald-Geißbart oder Riesengräser wie Chinaschilf und Pampasgras! Terrassen und Sitzplätze sind ideal für schmale Umrandungen mit Duftpflanzen (Phlox, Nachtviolen, Feder-Nelken).

Harmonie durch Symmetrie

Harmonie – die Basis eines gelungenen Gartens – wird durch Symmetrie erzeugt. Oft ist es also sinnvoll, Paare zu pflanzen: als Mittelpunkt in sich gegenüberliegenden Rabatten, als Einfassungen, als Hintergrund. Das können immergrüne Formgehölze sein, Kletterrosen, großzügige Tuffs oder Büschel einer Sorte. Generell gilt die Regel, dass Ton-in-Ton-Abstufungen einer Farbe und nur wenige Sorten, die aber üppig gepflanzt, wohltuende ausgeglichene Stimmung erzeugen. Aber schließlich soll der Garten auch lustvolles Labor für Experimente sein, also einfach ausprobieren!

Die meisten Rabatten wirken spannend durch eine Balance aus Ruhe und Fülle, niedrigeren Flor mit blühenden »Türmen« darin. Die gelben Kandelaber der (zweijährigen) Königskerze ragen als Hingucker majestätisch aus jedem Beet hervor, können aber auch wirkungsvoller Hintergrund sein. Knorpelmöhre *(Ammi majus)* und Schleierkraut bilden große fragile Blütenwolken, aus denen die Blütenteller von Sonnenblumen, Anemonen oder Purpur-Sonnenhut als aparter Kontrast herausragen. Frauenmantel ist mit seinen zartgrünen Blättern und feinrispigen Blütenschleiern ideale Einfassung oder Unterpflanzung für hohe Stauden in allen Farben. Die violetten oder weißen Kugeln des Zier-Lauchs sind Blickpunkte, an denen sich das Auge in einem wild wogenden Blütenmeer festhalten kann. Die Grazie filigraner Gräser lockert kompakte Staudenbeete auf. Im besänftigenden Grün von Farnen und Funkien prunken farbenfrohe Stauden doppelt.

Farbe in kühnen Kontrasten oder sanften Sinfonien

Doch welche Farbkombinationen gelten als harmonisch? Auch der Garten unterliegt Moden! Als wohltuend gelten immer noch die klassischen Paarungen: Weiß und Blau, Weiß und Grün, Weiß und Rosé, Rot und Rosé. Subtile Ton-in-Ton-Abstufungen wirken besonders vornehm.

Türkischer Mohn ist anspruchslos. Seine Blütezeit ist eine der kürzesten im Staudenreich, aber er bezaubert mit hauchzarten, knittrigen Blüten wie aus Seidenpapier.

Die Iris, »Tochter des Regenbogens«, ist eine Sonnenanbeterin. Sie wirkt kapriziös, ist aber recht robust und liebt durchlässigen Boden. Es gibt sie in zahlreichen Farben.

Phlox ist die Verkörperung des Sommers: üppige Blütendolden, süßer Duft und die subtilsten Farbnuancen. So zart wie die Blüte wirkt, so robust und anspruchslos ist die charmante uralte Bauerngarten-Staude.

Rechts: Der üppige Blütenrausch aus Phlox zeigt, wie facettenreich die Farbenpracht ist. Bei geschickter Wahl der Sorten kann sich die Blütezeit vom Juni bis in den Oktober ziehen.

Berühmtestes Beispiel ist der »weiße Garten« von Englands Garten-Queen Vita Sackville-West in Sissinghurst (Kent), eine Sinfonie in Weiß, Silber, Grau und Grün. Weiß wirkt kühl, elegant, dämpft knallige Farben, hellt dunkle Partien auf - und schimmert romantisch in Mondnächten!

Mutigere Gärtner bevorzugen Komplementärfarben, lachsfarbene Taglilie und violetter Storchschnabel, stahlblaue Edeldistel und scharlachrote Montbretie. Die wagemutige Paarung von weiß-violetten Lupinen mit apricotfarbenen Teerosen à la Vita Sackville-West ist schlicht hinreißend. Noch tollkühnere Experimente wagte Christopher Lloyd, notabene ein Brite. Wer sein Reich Great Dixter (East Sussex) besucht, ist überwältigt von der Farbenpracht! Also, mehr Mut zur Farbe. Riskieren Sie gewagte Kontraste, Orange und Violett, Gelb und Dunkelblau, Lila und Rot. Lassen Sie sich von den Malkasten-Beeten des großen Impressionisten Claude Monet inspirieren. Setzen Sie knallroten Mohn zwischen Iris in vornehmen Blau- und Violett-Tönen. Ein kraftvolles Ausrufezeichen voller Lebensfreude!

Ob als Begleiter oder Solist – Gras wirkt immer grandios

Gräser sind die neuen stillen Stars im Garten, Schönheiten eher auf den zweiten Blick. Mit ihnen entsteht ein ungewohnter, spannender Dialog zwischen Pflanzen. Gras gehörte früher auf die Wiese, war gar als Unkraut verpönt. Allenfalls Pampasgras winkte mit seinen pompösen Federbusch-Wedeln in vielen Gärten. Doch seit einigen Jahren wird der Stellenwert von Gräsern gänzlich neu eingestuft. Sie treten aus dem Hintergrund und übernehmen in manchen Gärten sogar die Hauptrolle. Das triumphale Revival ist berechtigt, vereinen Gräser doch Naturnähe und Ästhetik, Wildheit und Grazie, Leichtigkeit und Robustheit auf unnachahmliche Weise.

In einem der berühmtesten zeitgenössischen privaten Gräsergärten, dem französischen »Jardin Plume« (= Federgarten), überwältigen mannshohe Wälle von hauchzarter transparenter Hirse *(Panicum virgatum)* 'Cloud Nine' und wogende Felder aus leuchtend gelbem Pfeifengras *(Molinia)* den Betrachter. Ätherisches Silberährengras *(Stipa calamagrostis)* wiegt sich im Duett mit Moskitogras *(Bouteloua gracilis)*. Büschel von cremeweißem Wimpernperlgras *(Melica ciliata)* leuchten wie Feuerwerke. Über formalen Beeteinfassungen aus Buchs wippen kokett die orangekupferroten schmalen Halme des Chinaschilfs *(Miscanthus sinensis)* 'Sirene'. Selten wurden Gräser so anmutig und elegant in Szene gesetzt wie im »Federgarten«.

Dort überzeugen sie vor allem durch voluminöse Menge. Doch das Bestechende an den Gräsern ist: Sie setzen mit ihren vielen Arten - vom Zehn-Zentimeter-Büschelchen bis zum vier Meter hohen Riesen - reizvolle Akzente in wirklich jeden Garten! Durch ihre lineare Form und die vertikale Struktur sind Gräser perfekte Gerüstbildner im Beet, geschätzt als Ausrufezeichen, Höhepunkt und Hingucker. Dank der Textur ihrer Blätter, Ähren, Halme und Rispen gelten sie als ideales Design-Objekt. Einerseits haben sie Raum bildende Wirkung, wie die hohen Türme des Pampasgrases *(Cortaderia selloana)*, dann wieder täuschen sie flüchtige wogende Schleier vor wie das flauschige Reiher-Federgras *(Stipa barbata)* oder die Mähnengerste *(Hordeum jubatum)*. Fragil erscheint das Purpur-Liebesgras *(Eragrostis spectabilis)*, es blüht ab September und wirkt dann wie aus purpurroter Gaze gewebt. Diese Neuheit liebt die Sonne und erobert als wundervoll weiche Beet-Bordüre gerade die Gärten.

Gräser machen stets »bella figura«

Im Gegensatz zu Stauden oder Sommerblumen überzeugen Gräser mehr durch ihre Struktur als durch die Blüte. Sie machen überall eine gute Figur, und für jeden Stil gibt es die passende Art. Selbst im modernsten minimalistischen Garten sorgt ein formales Quadrat mit Chinaschilf 'Malepartus', der schönsten rotblütigen Sorte, für einen »Wow-Effekt«. Manche, wie Breitblatt-Segge *(Carex plantaginea)* und Wald-Marbel oder Wald-Hainsimse *(Luzula sylvatica)*, sind sogar wintergrüne Stimmungsmacher. Je nach Gartengröße und Pflanzung werden Gräser zu hüfthohen Wiesen oder sanft schwingenden lebendigen Skulpturen, agieren als transparenter Paravent vor Hecken oder höheren Gehölzen. Ein Multitalent ist der Klassiker Chinaschilf mit seinen silbrig-braunroten Blütenfontänen - eine wahre Wunderkerze mit bis über zwei Meter Höhe. Das gigantische Riesen-Chinaschilf *(Miscanthus floridulus)* erreicht sogar bis zu 3,50 Meter. Als Hintergrund gibt es einem Beet Höhe, gewährt idealen Blickschutz für intime Sitzplätze und ist als Solist stets imposant. Zu diesen beeindruckenden »Hoheiten« gehören auch Riesen-Federgras *(Stipa gigantea)*, Pampasgras *(Cortaderia selloana)*, Gartensandrohr *(Calamagrostis x acutiflora)* und Riesen-Pfeifengras *(Molinia arundinacea)*.

Winterschutz für Pampasgras

Die Schöpfe des Pampasgrases sollten im Winter auf- bzw. zusammengebunden werden, damit die Winternässe nicht ins Innere dringt. Als Kälteschutz an den Seiten Laub oder Stroh, mit Reisig abgedeckt, aufschütten.

Durch ähnliche Blütenfarben werden die kompakten Köpfe der Zinnie 'Profusion White' und die Puschel des Federborstengrases zum harmonischen Duett.

Die sanft gebogenen rosabraunen Blütenähren des Lampenputzergrases *(Pennisetum setaceum* 'Rubrum') wirken wie das Farb-Echo des kupferroten Sonnenhutes 'Autumn Colours'!

Die silbrigen Rispen des Federgrases bringen das strahlende Gelb des Sonnenhutes 'Goldsturm' besonders zur Geltung.

In überschwänglicher Fülle formen sich die Ährenrispen des Blaugrases zur wogenden Wolke, ideal für Hangbepflanzungen.

Aufregende Kleinode

Nicht minder wirkungsvoll als die Giganten sind Kleinode wie die Seggen mit ihren abwechslungsreichen Varianten. Exotisch erscheint die immergrüne Japan-Segge *(Carex morrowii)* 'Variegata' mit gelb gestreiften Halmen, die Vogelfuß-Segge *(C. ornithopoda)* 'Variegata' bildet putzige weißbunte Horste, wogegen die Morgenstern-Segge *(C. grayi)* mit dekorativen Fruchtständen überzeugt.

Mit ihren diffusen Silhouetten sind Gräser wunderbare Weichzeichner. Hauchzarte Tuffs, Büschel, Pompons, flaumige Schaumkronen und sprudelnde Kaskaden zeichnen Bilder, die alles ineinander verschwimmen lassen, wie die pointilistischen Gemälde des Impressionismus. Denn Gräser kaschieren harte Grenzen und scharfe Kanten. Mit ihren weichen Umrissen und sanften Naturfarben spielen sie den diplomatischen Vermittler zwischen geometrischen und kompakten Formen und sind ausgleichende Puffer zwischen kontrastierenden Farben.

Sie bestechen mit feingliedrigem Habitus und zeigen widersprüchliche Eigenschaften: Höchste Zerbrechlichkeit paart sich mit unglaublicher Zähigkeit, der sogenannten »Biegsteifigkeit«. Daher eignen sich zahlreiche Gräser als Sichtschutz, der dem stärksten Sturm trotzt und sich danach unbeschadet wieder aufrichtet. Gräser sind die Ballerinas im Garten, ihre Rispen und Ähren wie Tüllröckchen, und der Wind ist ihr Choreograph. Sie machen alles luftiger, ätherischer und verspielter, bringen eine Prise Wildheit und Natürlichkeit in starre domestizierte Rabatten. Ihr größtes Plus: Sie sind famose Überlebenskünstler, robust, vertragen Entbehrungen und brauchen nur wenig Pflege.

»Grässlich, ein Garten ohne Gras!« So ultimativ urteilte seinerzeit der Potsdamer Staudenzüchter Karl Foerster. Der Gartenpoet lobte Gräser als »das Haar der Mutter Erde«. Bereits Anfang des 20. Jahrhunderts plädierte er als Vorreiter für »den Einzug der Gräser in den Garten« und bot schon vor 1940 über einhundert unterschiedliche Ziergräser zum Verkauf an. Sein nach ihm benanntes Gartensandrohr *(Calamagrostis* x *acutiflora)* ist zum Bestseller avanciert. Foersters Verehrer Wolfgang Oehme machte Ziergräser auch in den USA salonfähig und gilt dort nunmehr als Gräser-Guru.

Der Foerster-Schüler Ernst Pagels in Ostfriesland erkor die grazilen Gartenschönheiten ebenfalls zu seinen Favoriten. Als einer von Europas wichtigsten Züchtern für Chinaschilf kreierte er fast 50 neue Sorten, darunter 'Pünktchen' mit gelb gepunkteten schmalen Blättern

Die farbliche Harmonie von Federgras und weißem Purpursonnenhut bekommt Spannung durch die frechen violetten Blüten des Schleier-Eisenkrauts. Die aufragenden fragilen Stängel geben dem Sommerbeet Höhe. Alle drei Pflanzen lieben volle Sonne.

und attraktiven bräunlichen Blütenständen. Von Pagels wiederum wurde der aktuelle »Gräser-Papst« Piet Oudolf inspiriert. Für den niederländischen Star-Gärtner sind Gräser das Größte. Sie schenken einer Fläche »Rhythmus, natürliche Elemente und sanfte farbige Strukturen«, so sein Credo. Die Genialität, mit der er in seinen preisgekrönten Gärten Gräser und Stauden zu fließenden Bildern vereint – seine einzige öffentliche deutsche Anlage ist der Gräfliche Park Bad Driburg (Ostwestfalen) –, gilt als viel zitiertes Vorbild auch für private Gärten.

Federleichte Partner

Aparte Kombinationspartner sind beispielsweise kompakte Gewächse wie Engelwurz oder Frauenmantel zu filigraner Ruten-Hirse *(Panicum virgatum)* oder rotem Lampenputzergras *(Pennisetum setaceum* 'Rubrum'). Sonnengelbe Sommerblumen leuchten vor grüner Riesen-Segge *(Carex pendula)* noch kräftiger. Harmonisch fügen sich die Rispen des rötlich blühenden Reitgrases *(Calamagrostis* x *acutiflora)* mit den tellerartigen Dolden der roten Fetthenne zusammen.

Ein luftiges Sommer-Ensemble: Kompakte Tagetes-Kugeln und Pyramiden von Perilla werden aufgelockert durch die fragilen Halme von Gerste, Prachtkerze *(Gaura)* und hohem Schleier-Eisenkraut *(Verbena bonariensis)*. Chinaschilf verleiht dem Hintergrund Fülle.

Eine attraktive Paarung ist auch der blaugraue Blaustrahlhafer *(Helictotrichon sempervirens)* zwischen anmutigen Japan-Anemonen. Die Horste des goldgelben Japan-Waldgrases *(Hakonechloa macra* 'Aureola') mit seinen graziös gebogenen Blättern wirken besonders zierend, wenn sie von den violetten Blütenkugeln des Riesen-Zierlauchs überragt werden. Die Liaison von Lampenputzergras mit Sonnenhut 'Goldsturm' ist eine verblüffende Idee von Wolfgang Oehme. Und wer Mut hat, platziert den wie einen riesigen Rasierpinsel wirkenden graugrünen Atlas-Schwingel *(Festuca mairei)* vor einen feuerroten Pfaffenhütchen-Strauch *(Euonymus alatus)*. Das Wimpern-Perlgras *(Melica ciliata)* ist dagegen ein idealer Begleiter für Zwiebelblumen, weil es das nach deren Blüte absterbende Laub gnädig kaschiert.

Zarte Überlebenskünstler für jeden Standort

Und dann gibt es die Raritäten und Kuriositäten: Dramatische Effekte zu Füßen hoher Stauden beschert der schwarzblättrige Schlangenbart *(Ophiopogon planiscapus* 'Niger') – eigentlich eine niedrige Staude (ein Liliengewächs), die jedoch aussieht wie ein Gras. Viel ästhetischer als sein Name ist auch das hoch wachsende Stachelschweingras *(Miscanthus sinensis* 'Strictus') mit den auffälligen gelben Querstreifen. Seinem Namen alle Ehre macht das Diamantgras *(Calamagrostis brachytricha)*. In seinen spinnwebfeinen Blütenbüscheln fangen sich Regentropfen, die im Gegenlicht funkeln. Apropos Licht: Es ist ein wichtiger Gestaltungsfaktor für die optimale Wirkung von Gräsern. Vor allem Silberährengras, Rutenhirse und Riesenfedergras fangen das Licht geradezu ein und glänzen und schimmern im Gegenlicht. Auch daran sollte man beim Pflanzen denken.

Vorsicht: Selbstaussaat
Die Vitalität der Gräser hat den nicht immer erwünschten Nebeneffekt der Selbstaussaat. Vor allem Sorten von Schmiele *(Deschampsia)*, Hirse *(Panicum)* und früh blühendem Chinaschilf säen sich in leichten Böden gerne von alleine weiter aus. Bei der Sortenwahl sollten Sie darauf achten!

Das Pfeifengras 'Windspiel' ist trotz einer Höhe von bis zu zwei Metern standfest. Im Herbst verfärben sich die Ähren goldgelb, ein Standort mit viel Sonne lässt es noch mehr erstrahlen.

Eine Besonderheit ist das Japanische Blutgras 'Red Baron' mit seinem tiefroten Laub. Die Farbe Rot wird hier sehr schön durch *Cuphea llavea* aufgegriffen, der Mickymaus-Pflanze.

Die silbrigweißen Blüten des Perlkörbchens säumen den Wegrand, Halme rotbrauner Segge mischen sich mit zarten rostroten Astilben. Frischer Höhepunkt ist das Chinaschilf-Doppel der Sorte 'Cosmopolitan' mit zweifarbigen spitzigen Blättern.

Gräser stammen aus allen Teilen der Erde und haben daher unterschiedliche Ansprüche an den Standort. Es gibt einjährige - wie Hasenschwanzgras *(Lagurus ovatus)*, Kolbenhirse *(Setaria macrostachya)*, Riesen-Zittergras *(Briza maxima)* - und mehrjährige winterharte Gräser; früh blühende, etwa Silberährengras *(Stipa calamagrostis)*, und spät blühende wie Diamantgras oder Chinaschilf.

Manche brauchen etwas feuchteren, gut wasserspeichernden Boden, wie Chinaschilf und Wald-Schmiele *(Deschampsia cespitosa)*. Andere Gräser fühlen sich am wohlsten in voller Sonne auf magerem, durchlässigem Sandboden, also unter steppenartigen Verhältnissen. Dazu gehören Blaustrahlhafer *(Helictotrichon sempervirens)* und Blaustrandhafer *(Leymus arenarius)*, Blau-Schwingel *(Festuca cinerea)* und Regenbogen-Schwingel *(F. amethystina)* - wie märchenhaft viele Gräsernamen klingen! -, die graugrünen Büschel des Schillergrases *(Koeleria glauca)*, Riesen-Zittergras *(Briza maxima)* und Riesen-Federgras *(Stipa gigantea)*. Manche Gräser bevorzugen schattige Ecken und Feuchtigkeit, vor allem viele Seggen *(Carex)*, Hainsimsen *(Luzula)*, die Wald-Schmiele *(Deschampsia cespitosa)* und das Japan-Waldgras *(Hakonechloa macra)*. Dort fühlt sich auch eines der zartesten Gräser überhaupt wohl, das Flattergras *(Milium effusum)*. In der goldgelben Variante 'Aureum' setzt es, kombiniert mit Farnen und Buschwindröschen, goldige Lichter in Schattenecken.

Schön am Teichrand

Eine besondere Rolle spielen Gräser am Rande von Gewässern. Sie lassen einen Teichrand natürlich wirken, bewegen sich im Rhythmus der Wellen, spiegeln sich mit ihren gebogenen Ähren im Wasser. Idealer Begleiter für

Gräser im Garten vermitteln Naturnähe, besonders wenn es sich um einen so imposanten Vertreter wie Chinaschilf handelt. Der zwei Meter hohe Klassiker mit rötlich-braunen Blütenrispen überragt die weinroten Rispen des Kerzen-Knöterichs.

jede Gartengröße ist Chinaschilf mit seinen fontänenartigen Blütenständen, ebenso das Goldbandleistengras *(Spartina pectinata* 'Aureomarginata'). Als zarte niedrige Uferbepflanzung eignen sich Riesen-Zittergras *(Briza maxima)*, Schwaden- oder Süßgras *(Glyceria maxima* 'Variegata') und verschiedene Hirse-Arten *(Panicum)*. Einen Ehrenplatz verdient das bis zu vier Meter hohe schilfartige Pfahlrohr *(Arundo donax)*, das Dschungel-Flair versprüht.

Die Höhe des Grases sollte allerdings in der richtigen Proportion zur Größe des Teiches stehen. Das ausbreitungsfreudige Schilfrohr *(Phragmites)* eignet sich am besten für große naturnahe Teiche. Dann einfach hinsetzen und dem Rascheln des Grases lauschen. Ein Windhauch – und es säuselt, flüstert, wispert. »Das Gras wächst nicht schneller, wenn man daran zupft«, lautet eine chinesische Weisheit. Nur Pampasgras *(Cortaderia selloana)* wächst so schnell, dass man es wirklich fast hören kann.

Fragile Schönheiten – auch noch im Winter

Grandios ist auch die Wirkung der Gräser im Herbst und Winter. Im Spätherbst bescheren viele als fulminante Spätzünder mit changierenden Farben eine spektakuläre Nachsaison: Rehbraune Ruten-Hirse *(Panicum virgatum)*, das Chinaschilf 'Graziella' mit silberweißen Federn, rosaviolett schimmerndes Orientalisches Lampenputzergras *(Pennisetum orientale)*, purpurrotes Liebesgras *(Eragrostis curvula)*, tiefrotes Japanisches Blutgras *(Imperata cylindrica* 'Red Baron'), Rutenhirse *(Panicum virgatum)* mit leuchtend rotem Laub wie bei 'Heavy Metal' oder purpur-violettem bei 'Shenandoah'. Die ganze Pracht dieser feinen Nuancen hält teilweise bis in den Winter hinein an. Dann verwandeln Schnee und Frost die grazilen Rispen und Ähren in verzuckerte, kristallbesetzte Kunstwerke.

Blütenwunder wie aus dem Malkasten

Sie sind die Zauberkünstler der Saison, die einjährigen Blumen. Ausgesät im Frühling, feiern sie schon ab dem Frühsommer ein wahres Blütenfest. Zwar tanzen sie nur einen Sommer, aber welch' temperamentvolle Schönheit schenken sie uns in ihrem kurzen Leben, das der Frost jäh beendet. Fast im Handumdrehen lässt sich mit diesen Schnellstartern ein Beet in ein Blütenmeer verwandeln.

Die meisten Einjahresblumen können direkt an Ort und Stelle ausgesät werden. Bequemere Gärtner kaufen vorgezogene Pflanzen. Da es sich meist um blütenreiche

Sie bescheren Farbenrausch und Blütenpracht: einjährige Schönheiten wie Verbene, Rizinus und die schönste rote Dahlie, die altmodische Schönheit 'Bishop of Llandaff' (links) sowie die üppigen Löwenmäulchen (oben).

Ein aparter Exot in einem Meer verschiedener Sonnenhut-Sorten ist die Zierbanane. Die tropische Pflanze sollte im Kübel ins Beet gesetzt und vor dem ersten Frost in den schützenden Wintergarten geholt werden.

Gewächse handelt, die in minimaler Zeit maximale Fülle geben sollen, brauchen sie volle Sonne, guten humusreichen Boden und etwas Platz, um sich ausbreiten zu können. Im Beet sind sie mehr als nur fulminante Lückenfüller, sie spielen durchaus eine gleichberechtigte Rolle neben mehrjährigen Stauden.

Bei der Auswahl von Einjährigen hat man die Qual der Wahl. Wie wäre es mit dem neuen Star im Sommergarten, dem Schleier-Eisenkraut *(Verbena bonariensis)*? Mit seinen violetten kleinen Blütendolden, die auf bis zu 1,60 Meter hohen bleistiftdünnen Stängeln schaukeln, ist es grazile Augenweide und reizvoller Partner für viele Stauden und Gräser. Obendrein lieben Schmetterlinge die Blume als Büffet. Ein ausladender Gigant ist hingegen Rizinus, der schnell mannshoch wird. Mit seinen fächerförmigen Blättern, rotbraunen Stängeln und roten oder rosa Fruchtkapseln überzeugt er als extravaganter Solitär.

Zu den zarten Schönheiten zählen die herrlich altmodische Jungfer im Grünen und Kosmeen. Sie bereichern die Rabatte vorwiegend mit Pastelltönen. Kornblume und Mohn setzen knallige Farbkleckse. Kräftige Farben kommen von Nachbarn mit großer Blühfreude und kompakterem Wuchs wie Löwenmaul, das bei guten Bedingungen sogar im nächsten Sommer wieder erfreut. Kapuzinerkresse, Ringelblumen, Zinnien und Tagetes spenden warme Sommerfarben, Petunien intensiv leuchtende Töne.

Was wäre ein Sommergarten ohne einjährige Duftpflanzen! Levkojen und Nelken erinnern mit würzigem Geruch an den Charme von Großmutters Garten. Ziertabak leuchtet in apartesten Farben, entwickelt kräftige Büsche,

Dünger richtig dosieren
Einjährige Sommerblüher brauchen humusreichen durchlässigen Boden. Eine Zusatzdüngung Anfang Juni reicht. Zuviel Dünger führt zu mehr Blättern als Blüten. Verwelktes sofort abknipsen, das spart Kraft und fördert die Bildung neuer Blüten.

blüht bis zum Spätherbst und entfaltet seinen zarten Duft vor allem in den Abendstunden. Die Wicke, ein Schmetterlingsblütler, ist ein Klassiker. Heiter und schwerelos kommt sie daher mit hauchzarten Blüten wie aus Seidenpapier. Hohe Sorten weben mit Rankhilfe hinreißende Hintergrund-Kulissen, niedrige setzen schöne Farbtupfer ins Beet. Ihr Duft betörte sogar den hart gesottenen Politiker (und passionierten Gärtner) Winston Churchill. Bis heute erfreuen in seinem Landsitz Chartwell (Kent) kleine frische Sträuße in den Zimmern.

Kraft aus der Knolle

Welche Schönheiten aus braunen knorrigen Knollen und Zwiebeln erwachsen, ist jedes Jahr wieder ein Wunder. Deshalb sind sie im sommerlichen Beet unverzichtbar. Manche sind winterhart und können viele Jahre in der Erde bleiben. Dazu zählen Lilien, »uralter Gartenadel«, wie die berühmte Bio-Gärtnerin Marie-Luise Kreuter die eleganten Grazien einstufte. Lilien lieben Sonne, ihre »Füße« sollten aber beschattet sein. Pflanzzeit ist Herbst

Duftige Gräser und üppige Blumen ergeben grandiose Paare. Vor violettem Eisenkraut-Saum staffeln sich Federborstengras und lila Schleier-Eisenkraut, das bei jedem Windhauch schwingt. Im Hintergrund erhebt sich ein sanft wogender Wall aus Bergknöterich *(Aconogonon)* mit cremeweißen Blütenrispen.

Dahlien sind mit ihrer Blütenvielfalt und Farbenpracht die Königinnen im spätsommerlichen Garten. Allerdings müssen die empfindlichen Knollen vor dem Frost ausgegraben werden.

Mut zu Gegensätzen verjagt Monotonie im Beet. Zwischen samtig-zarten pastellfarbenen Löwenmäulchen ragt keck Palmkohl mit runzeligen dunkelgrünen Blättern hervor.

oder Frühjahr, Pflanzabstand und -tiefe sind sortenabhängig. Königin aller Lilien ist die uralte, noble Madonnen-Lilie. Unter den modernen Züchtungen bezaubern die spät blühenden Orient-Hybriden mit eleganten Blütenformen und intensivem Duft. Sehr dekorativ wirken Lilien in Gruppen, aber auch als herausragende Solisten im niedrigeren Flor.

Gärtners neuer Liebling ist Zier-Lauch *(Allium)*. Mit großen Blütenbällen, die auf stabilen Stängeln schweben – 'Giganteum' wird bis 1,20 Meter hoch –, zieht er von April bis Juli im Beet die Blicke auf sich. Populär sind der purpurne 'Purple Sensation', amethystfarbener Sternkugel-Lauch und 'Mount Everest', mit Blüten so weiß wie der Gipfel im Himalaya. Hoher Zier-Lauch hat formidable Fernwirkung, passt zu Gräsern und vielen Stauden wie Zier-Salbei. Perfekt sind auch Phlox und Taglilien, die das vergilbende Laub des Lauchs kaschieren.

Farbenvielfalt mit Dahlien

Diese oft etwas kapriziös wirkenden Knollenpflanzen zwingen den Gärtner im Herbst demütig in die Knie, denn sie müssen vor dem Frost ausgegraben werden. Dabei sind Dahlien keine Diven, sondern robuste Mexikanerinnen und seit über 200 Jahren zauberhaftes Inventar in unseren Gärten. Dahlien erstrahlen in allen Farben des Malkastens – außer Blau – und entfachen ein Blütenfeuerwerk bis in den Herbst.

Beides gilt auch für Gladiolen, die nostalgisch-opulenten Glanz ins Beet bringen. Ihre trichterartigen Einzelblüten reihen sich als lange Kette an hohen Stielen auf. Edel wirken sie in Weiß ('Bride'), feurig in Karmesinrot ('Robinetta'). Je nach Sorte erreichen sie Höhen bis zu 1,50 Meter. In großen lockeren Gruppen wirken sie am natürlichsten. Ebenfalls ein Irisgewächs und ähnlich in Blütenform und Silhouette, nur viel zierlicher ist die Montbretie *(Crocosmia)*. Ihre Blüten in Scharlach- oder Hellrot und Gelb passen gut zu rotlaubigen Pflanzen, hellgrünen Gräsern oder Blattschmuckstauden. In Regionen mit mildem Weinbauklima können Knollen von Montbretie und Gladiole sogar in der Erde überwintern.

Ein Revival erlebt derzeit das exotische Indische Blumenrohr *(Canna)*. Neben kleinwüchsigen Sorten gibt es mit 'Red King Humbert' eine bis 1,5 Meter hohe Skulptur mit langen orangeroten Blütenrispen über großen paddelartigen Blättern. Der außergewöhnliche Solitär verdient einen Logenplatz.

Die ganze Fülle des Frühlings ist hier versammelt: pinkfarbene Akelei 'Spring Magic Rose', violette Hornveilchen, die lila Blütenkugeln des Zierlauchs, hellvioletter Goldlack und die tiefpurpurne, fast schon schwarze Tulpe 'Queen of Night'.

Im Reich des Experten für blühende Schätze

Der Zier-Salbei *(Salvia nemorosa)* ist ein verblüffender Tausendsassa. Diese robuste, aber zart erscheinende Staude fehlt in keinem sommerlichen Beet. Neben Lavendel ist sie mit ihren tiefen Blau-, Violett-, Rosa- und Purpurtönen die perfekte edle Partnerin für Rosen, ziert aber auch wildere Naturpflanzungen. Zier-Salbei blüht verschwenderisch reich und lange, kommt nach Rückschnitt oft sogar ein zweites Mal und will viel Sonne. Am verführerischsten wirkt er in großen Tuffs gepflanzt oder als weicher Wall an Beetkanten.

Etliche der schönsten Sorten dieses Lippenblütlers stammen von einem passionierten Züchter: Ernst Pagels (er starb 2007 im Alter von 93 Jahren). Dabei haben wir ihm Beetschönheiten wie 'Blauhügel' zu verdanken, eine

Sorte des Zier-Salbeis, die von Mai bis September mit reinstem Blau beglückt. Das Pendant dazu ist 'Schneehügel', eine der ersten weißen Sorten und von Profis als eine der besten bewertet. Ein Klassiker ist sein Zier-Salbei 'Ostfriesland' – nach der Heimat benannt. Die halbmeterhohen kompakten Horste bilden in legeren Gruppen Flächen von starker Farbkraft. Apart dazu: Lampenputzergras, Taglilien, Färberkamille oder Frauenmantel.

Überhaupt, was wären unsere Gärten ohne die vielen Pagels-Züchtungen? Er bescherte uns eine ganze Palette prachtvoller Stauden und Gräser. 130 Sorten unterschiedlichster Gattungen stammen von ihm, rund 70 davon sind in Deutschlands Gärtnereien verbreitet. Hinter den Deichen des Emslandes, am Rande des Städtchens Leer, tüftelte der Karl-Foerster-Schüler – von dem bekam er einst eine Tüte mit Zier-Salbei-Samen und damit fing alles an – jahrzehntelang an neuen Züchtungen. In internationalen Garten-Kreisen galt er als bedeutende Persönlichkeit. Englands Spezialistin für Blattschmuckpflanzen Beth Chatto und Piet Oudolf, der neue holländische »Stauden- und Gräserpapst«, reisten ins friesische Flachland, um von Pagels zu lernen.

Pagels schuf naturnahe Bestseller fürs Beet

Zu seinen Züchtungen, die heute begehrt in jedem Beet sind – und in kaum einem fehlen –, gehört beispielsweise ein märchenhafter Storchschnabel. 'Apfelblüte' öffnet stark zerteilte hauchzarte Blüten von muschelrosa-weißer Färbung. Er gehört zu den Blut-Storchschnäbeln und er-

Naturnahe Pflanzen, noble Farben und dichte Fülle prägen Staudenbeete nach dem Vorbild des Züchters Ernst Pagels. Die Prachtspiere 'Purpurlanze' und Phlox mit panaschierten Blättern bringen Licht und Farbe unter den Kirschbaum.

Multitalent für Licht und Schatten ist die Bergenie. Mit ihren ledrigen immergrünen Blättern ist sie ein idealer Bodendecker. 'Eroica' sorgt mit tiefrosa Blütenglöckchen für Aufsehen.

Kein Sommerbeet ohne den Klassiker Zier-Salbei (hier 'Wesuwe')! Der Dauerblüher ist aparter Begleiter für Rosen und bringt traumhafte Nuancen von Blau ins Beet, am besten flächig pflanzen.

freut daher mit blutroter Herbstfärbung. Breitwüchsig und robust, ist diese Sorte ein vielseitiger Partner, der von Mai bis in den Spätsommer einen dichten Flor bildet.

Für Aufmerksamkeit sorgt der Purpur-Ziest *(Stachys monieri)* 'Hummelo' (eine Hommage an den Ort, wo Piet Oudolf sein grünes Paradies hat). Über niedrigem Laubteppich ragen schlanke, tiefrosa leuchtende Blütenkerzen empor. Die bis zu 60 Zentimeter hohe standfeste Prachtstaude blüht fast den ganzen Sommer über und daran freuen sich neben den Menschen auch die Bienen. Apart als Partner sind Schafgarbe und Zier-Salbei. Ein »Leuchtturm« ist der 1,80 Meter hohe Wasserdost 'Riesenschirm'. Mit den rosafarbenen, tellerförmigen, fein geriffelten Blüten ergibt er einen grandiosen Hintergrund und ist ein effektvoller Solitär mit Fernwirkung bis in den späten Herbst. Und was hat sich Pagels wohl bei der Namensgebung für die Bergenie 'Eroica' gedacht? Liebte er Beethovens 3. Sinfonie? Das immergrüne Steinbrechgewächs ist eigentlich robust, anspruchslos, für jeden Boden geeignet und passt besonders schön in naturnahe Pflanzungen. Aber wie kapriziös wirkt 'Eroica'! Mit rot-violetten Trugdolden verführt sie im April-Mai und brilliert im Winter mit leuchtend roten Blatt-Unterseiten. Schöne Nachbarn sind Zwergspiere, Waldschmiele oder Frauenfarn.

Auf der Suche nach der blauen Blume waren viele deutsche Dichter und noch immer ist sie Inbegriff der Romantik. Vielleicht sind alle Staudentüftler bei der Züchtung blauer Blumen davon inspiriert. Mit dem Eisenhut 'Franz Marc' glückte Pagels jedenfalls ein Juwel. Die marineblauen Blütentrauben ähneln jenem markanten Blau, mit dem die Bilder des berühmten Malers und Namensgebers den Betrachter bannen. »Eine der weltbesten Eisenhut-Sorten«, rühmt eine renommierte deutsche Staudengärtnerei. Die langlebige standfeste Züchtung wächst bis auf

1,50 Meter Höhe heran und betört von Mai bis August mit 40 Zentimeter langen Blütentrauben. Eisenhut bevorzugt Halbschatten und kommt besonders mit Farnen und Gräsern und vor grünem Hintergrund zur Geltung. Wermutstropfen der attraktiven Pflanze: Sie ist giftig.

Als hinreißenden Begleiter kreierte Pagels einen Kandelaber-Ehrenpreis namens 'Lavendelturm', eine fast mannshohe Staude, standfest, kerzengerade und mit fein verzweigten Rispen in zartestem Blasslila. Am allerschönsten wirkt sie großflächig gepflanzt. Von besonderer Zartheit ist auch der Geißbart *(Aruncus aethusifolius)* 'Horatio', damit schuf Pagels eine bis zu 80 Zentimeter hohe Sorte mit sehr elegantem, fein geschlitztem Laub und luftigen überhängenden Blütenrispen in Cremeweiß - eine attraktive Erscheinung als Kulisse oder filigraner vertikaler Strukturgeber.

Ein *Sedum* mit schwarzroten Blättern bekam den magischen Namen 'Zauberdrache'. Das passt zu Pagels, dem Pflanzenzauberer und Avantgardisten. Sein Credo war:

Blütenstände zieren im Winter

Da die Blütenstände des Geißbarts auch nach dem Abblühen noch reizvoll sind, können sie als attraktiver Winterschmuck stehen bleiben. Vor dem Neuaustrieb im Frühjahr sollte die gesamte Pflanze knapp über dem Boden gekappt werden.

Stauden mit ausgefallenen Blättern bringen Abwechslung in die Rabatte. Die Mixtur aus Purpurglöckchen, Schaublatt, Kreuzkraut und Elfenblume wird überragt von einem Schopf mit panaschiertem Chinaschilf *(Miscanthus sinensis* 'Variegata').

»Gärtnern ist kulturelle Tätigkeit.« Dabei stand für ihn nicht die Schönheit einzelner Stauden und Blüten im Vordergrund. Wichtiger war ihm der Gesamteindruck. Das möglichst naturnahe Zusammenspiel von Gräsern, Stauden und Gehölzen führt in der Pagels'schen Gestaltung zu einem sanften Verschmelzen von Strukturen und Farben.

Pionier für neues Chinaschilf

Zu sehen ist dies in einem Schaugarten in Leer, wo sein Lebenswerk fortgeführt wird, und im »Park der Gärten« in Bad Zwischenahn (Niedersachsen). Dort sind viele seiner »Kinder« wirkungsvoll kombiniert mit dem, was Pagels mindestens ebenso berühmt machte wie seine Stauden: Gräser! Fast 50 Züchtungen stammen von ihm. Vor allem vom Chinaschilf war er begeistert und es inspirierte ihn zu faszinierenden neuen Sorten. Beispielsweise gehört die zierliche, sehr früh und reich rosa-silbrig blühende 'Kleine Silberspinne' dazu sowie das fast 1,50 Meter hohe 'Malepartus' mit voluminösen Horsten und fuchsroter Herbstfärbung. Darüber ragt 'Flamingo' noch hinaus, eine Grazie mit rosa überhauchten Blütenständen. 'Silberturm' entspricht seinem verheißungsvollen Namen. Mit hauchfeinen, leicht gebogenen silbrigen Rispen und drei Meter Höhe ist sie eine der höchsten Chinaschilf-Sorten. Sie vereint jenen wilden Charme und die zarte Noblesse, die vielen Gräsern und Stauden des großen Züchters Ernst Pagels eigen sind.

Der hohe Rahmen aus Riesen-Federgras *(Stipa gigantea)* ist stets in graziöser Bewegung. Die aufrechten Rispen des tiefvioletten Zier-Salbeis stehen im spannenden Dialog mit den kompakten apricotfarbenen Blüten der Taglilie.

Wie ein impressionistisches Gemälde wirkt diese herbstliche Ton-in-Ton-Sinfonie. Über rot-gelb-braunem Funkien-Laub und gelbgestreiftem Japan-Waldgras erhebt sich in verästeltem Wuchs eine goldfarbige Zaubernuss.

Eine flüchtige Schönheit: die Taglilie

Diese Staude mit den traumhaften Blüten hat weltweit Liebhaber und es gibt sie in so ungewöhnlichen und extravaganten Varianten, dass sie hier ein eigenes Kapitel wert ist: die Taglilie *(Hemerocallis)*. Die asiatische Schönheit, die in China auf eine 2000 Jahre lange Tradition zurückblickt, gelangte im 16. Jahrhundert nach Europa. Den Triumphzug begann das Liliengewächs im 20. Jahrhundert. Heute gibt es fast 60 000 Varianten, hauptsächlich Sorten, aber auch Wildarten wie die Zitronen-Taglilie *(H. citrina)*.

Der Name »Hemerocallis« setzt sich zusammen aus den griechischen Wörtern für »Schönheit« und »Tag«, was so viel heißen soll wie »Schöne für einen Tag«. Das stimmt jedoch nur bedingt, denn es gibt lang blühende sowie tag- und nachtblühende Formen. Letztere öffnen sich am Vorabend und bleiben nachts geöffnet bis zum nächsten Mittag. Da an einer ausgewachsenen Pflanze täglich zahllose neue Blüten erscheinen, kann man sich wochenlang an hunderten von Blüten erfreuen. Und bei geschickter Kombination diverser Sorten währt die Saison von Mitte Mai bis Oktober.

Es gibt früh blühende Formen (Mai bis Juni) wie die Wildart *H. dumortieri*, deren Sorte 'Apricot' glänzt als eine der ersten in der Saison mit prachtvollen orange-gelben glockenförmigen Blüten. Auch 'Brunette' in Braunrot, die goldgelbe 'Maikönigin' und 'Bel' in Zitronengelb sind vorwitzige Mutige. Eine Kostbarkeit ist *H. lilioasphodelus*, bewundert seit dem 16. Jahrhundert wegen ihrer lilienförmigen, reingelben und duftenden Blüten. Umwerfend wirkt sie mit blauem Storchschnabel oder dunkelvioletter Akelei, so kombiniert sie die deutsche Stargärtnerin Gabriella Pape (Königliche Gartenakademie Berlin).

Taglilien brauchen Fülle, um zu wirken. Am besten kommen sie zur Geltung, wenn man sie in großen Gruppen und in nur einem Farbton pflanzt. Ein grüner Hintergrund lässt ihre Farben noch intensiver und strahlender leuchten.

'Dick Kitchingman' fasziniert mit spatelförmigen Blütenblättern und blassgelbem Schlund. Die Sorte blüht und duftet nachts.

'Lavender Deal' ist eine Diva, die bis zu 60 Zentimeter Höhe erreicht. Sie zeigt ihre duftenden Blüten bis in den September.

'Wineberry Candy' gilt als sehr reichblütige Sorte, sie betört mit purpurnem Auge, gerüschtem Rand und beständigem Duft.

Im Juli blühende Sorten zählen zur mittleren Blütezeit, Hochsaison für die meisten Taglilien. Dazu gehört 'Canadian Border Petrol', im Jahr 2000 als hervorragendste geäugte Taglilie preisgekrönt – Purpur-Auge und -Saum bei cremefarbener Blüte. Die spät blühenden Züchtungen setzen im August Glanzlichter. Besonders spät erfreut 'Torpoint' mit großen dreieckigen aprikot-rosafarbenen Blüten. In schönstem Lachs leuchten die späte 'Corinna' und in Gelb 'Augustfreude'.

Drei Gruppen und viele attraktive Blütenformen

Je nach Durchmesser der Blüten werden Taglilien in drei Gruppen eingeteilt. Die Miniaturblütigen bleiben unter 7,5 Zentimeter klein. Eine der schönsten ist die Wildform *Hemerocallis citrina*; sie war schon zu vorchristlicher Zeit in China bekannt und betört mit hellgelben, langen schmalen und duftenden Blüten! Die kleinblütigen Verwandten haben einen Durchmesser bis zu 11,5 Zentimeter. Eine der spektakulärsten Sorten ist die tief purpurrote, fast schwarze 'Ed Murray' mit grünem Schlund. Die Stars sind die Großblütigen Taglilien mit über 11,5 Zentimeter Durchmesser.

An Blütenformen gibt es flache, gewölbte, trompeten- oder glockenförmige und solche mit zurückgebogenen Spitzen. Gefüllte haben mehr als die üblichen sechs Blütenblätter. Extravagant sind spinnenförmige Blüten wie bei 'Black Plush'. Die Blütenränder können glatt, geriffelt oder nostalgisch gerüscht sein.

Noch faszinierender ist die Farbskala dieser Blumen. Sie reicht von fast reinem Weiß über alle gelben Schattierungen – sie sind am häufigsten – zu sämtlichen Nuancen von Rot, Orange, Braun, Lachs, Apricot, Rosa, Himbeer, Flieder, Lavendel bis zu fast schwarzem Purpur. An einer blauen experimentieren manche Züchter, aber bislang

Gräser als graziöse Partner

Immer mehr wird die Taglilie in naturhaften Pflanzungen eingesetzt. Da kommt sie besonders zur Geltung mit Sibirischer Iris, Ehrenpreis, Storchschnabel, Dreimasterblume. Graziöser wird sie durch die Nachbarschaft mit zarten Gräsern, interessant ist ein Duo mit Funkien.

bleibt es beim Traum davon. Viele Taglilien-Fans erfreuen sich an zweifarbigen, gestreiften, gepunkteten und geäugten Exemplaren, viele mit andersfarbigem Schlund.

Wer sich in Taglilien verliebt, hat die Qual der Wahl. Das Gute ist: Sie gedeihen in jedem Boden, sowohl kalkhaltig als auch leicht sauer, er darf nur nicht zu trocken sein. Sie mögen Sonne, tolerieren aber auch Halbschatten (schenken dann allerdings weniger Blüten). Die mächtigen grasähnlichen Horste bedecken den Boden rasch. Taglilien lieben Beständigkeit und können viele Jahre am gleichen Platz bleiben. Die meisten Sorten ziehen im Winter ein, das Laub stirbt ab. Als immergrün gepriesene hängen sehr von den regionalen Verhältnissen ab, pflanzt man sie im Frühjahr, überstehen sie den kommenden Winter wesentlich besser.

Die Taglilie avancierte zu einer Garten-Favoritin, weil sie (fast) »Everybody's Darling« ist! Sie gilt als fabelhafter Anpassungskünstler, harmoniert gut mit unzähligen Nachbarn gleichen Standortanspruchs. Mit ihrer locker gefächerten anmutigen Statur und den vielfältigen Farbnuancen der Blüten bildet sie mit vielen Pflanzen harmonische Paarungen. Die »Blume des intelligenten Faulen«, so der Staudenzüchter Karl Foerster, passt zu Gehölzgruppen, ist aparter Kontrast zu Rosen und belebt Teichränder. Sie wirkt effektvoll neben Sonnenbraut, Rittersporn, Astern, Zier-Salbei, Schafgarbe, Sonnenauge und Sonnenhut. In Pastelltönen adelt sie elegante formale Beete. Vor immergrünen Hecken erstrahlen farbintensive Blüten mit doppelter Leuchtkraft. Am überwältigendsten aber ist sie in wogender Fülle – in welchen Farben auch immer.

Rabatten mit Taglilien erhalten durch die Verwebung mit fragilen Gräsern lässige naturnahe Leichtigkeit. Gemeinsam mit den flachen Blütentellern der Schafgarbe ergibt sich ein Terzett von harmonischem Reiz.

Die Farbe macht die Atmosphäre

Wer die Wahl hat, hat die Qual - Farbe im Garten ist vor allem eine Frage des persönlichen Geschmacks. Vor dem Pflanz-Start sollte man sich eine Liste seiner Lieblingsblumen aufstellen und sich mit den Grundregeln der Farbenlehre vertraut machen. Danach gilt es den Standort zu inspizieren. Denn je nach Himmelsrichtung, Tages- und Jahreszeit sowie Lichteinfall wirken einzelne Farben völlig unterschiedlich. In einem Schattenbeet kommen sie anders zur Geltung als in vollsonniger Lage. Matte Blattoberflächen absorbieren Licht, glänzende reflektieren es. Die Kombination oder der Kontrast mit benachbarten Farben beeinflusst die Farbintensität. Mit nur wenigen Tönen statt vielen, dafür die Pflanzen einer Sorte in großer Stückzahl gepflanzt, erzielt man eine intensivere Farbwirkung. Die sogenannte Leitfarbe bestimmt die anderen Töne. Zwei starke Farbtöne zusammen heben sich meist gegenseitig auf. Kräftige Farben sollten besser als Akzent gesetzt werden.

Oben: Wenn sich die warmen Farben des Sonnenhutes mit dem changierenden Rot-Grün des Blattes einer Zierbanane treffen, harmoniert das überraschend gut.

Links: Farbverläufe innerhalb eines Farbspektrums funktionieren immer. Das Rot des Kerzen-Knöterichs und das Rosarot der Begonien harmonieren miteinander, das freche Pink der Kosmeen wird durch ihr zartes Grün gemildert.

Ein überwältigendes Gute-Laune-Beet: Rotgelber Sonnenhut bildet das zentrale Element vor einer leuchtenden Kulisse aus wogenden Stauden-Sonnenbumen, dazu gesellen sich elegant wippendes Federborstengras und Mehl-Salbei.

Deshalb ist die Platzierung von Pflanzen hinsichtlich ihrer Farbwirkung ein wichtiger Aspekt. »Man sollte sich daran erinnern, dass man ein riesiges Bild malt aus lebenden Blumen, betrachtet unter Tageslicht. Wir schulden es der Schönheit der Blumen … dieses Bild richtig zu malen. Harmonie ist dem Kontrast vorzuziehen!« Dieser Appell, verfasst 1883 vom berühmten Revolutionär englischer Gartenkunst, William Robinson, ist bis heute gültig.

Der unverzichtbare Favorit bleibt **Rot**. Es steht für Leidenschaft, Kraft, Sinnlichkeit, ist lustvoll, aufmunternd, mitreißend und signalisiert: Sieh her, hier bin ich, bewundere mich! Rot sticht hervor, elektrisiert, sorgt für Dramatik, aber absorbiert viel Licht und reflektiert kaum. Ideal sind Orte mit viel Nachmittagslicht, damit die tief stehende Sonne die Blumen mit warmem Spot beleuchtet. Sattes Rot wird von Weitem kaum wahrgenommen, je weiter weg, desto dunkler, also nichts für dunkle, schattige Bereiche. Je näher, desto leuchtender und wirkungsvoller erscheint es, daher möglichst in den Vordergrund und nah ans Auge des Betrachters setzen!

Logenplätze verdienen Pfingstrosen wie die blutrote, halbgefüllte 'Postillion'. Eine flüchtige Schönheit, sogar mit Fernwirkung, ist der knallig scharlachrote Türkenmohn 'Türkenlouis'. Die verführerischste Dahlie ist die nostalgische 'Bishop of Llandaff' mit Laub und Stiel in Burgunderrot.

Ein Meer winziger gelber Husarenknopf-Blüten *(Sanvitalia procumbens)* wird aufgehellt von den wuscheligen Horsten des Garten-Kalmus *(Acorus gramineus)*. Zusammen mit der Kulisse aus kräftig gelbem Sonnenhut ergibt sich ein harmonischer Dreiklang.

Viele lieben Kontraste oder Beete in buntem Potpourri - was die Gefahr birgt, das nichts hervorsticht. Die höchste Kunst jedoch ist eine Pflanzung Ton in Ton, ein subtil abgestimmter Verlauf innerhalb einer Farbe.

Rot mit Rot wirkt apart

Rote Rosen brauchen nicht unbedingt die klassischen blauen Kavaliere Lavendel, Salbei oder Katzenminze. Sie wirken sehr apart in einer Ton-in-Ton-Begleitung: Spornblume, Fetthenne, Scharlach-Lobelie, Löwenmaul oder die kussmundrote Brennende Liebe.

Ton in Ton kombinieren – eine hohe Kunst

Rot, kombiniert mit Blättern und Blüten in Weinrot, Bronze, Rost oder Kupfer, wirkt geheimnisvoll magisch. Rot mit Lila sorgt immer für einen »Wow-Effekt«! Dieses Duo schaute sich Modeschöpfer Yves Saint Laurent sicher aus einem Garten ab. Geradezu glamourös wirken roter Bartfaden und violetter Zier-Salbei, Montbretien mit silbervioletter Edeldistel, Brennende Liebe oder Scharlach-Lobelien zwischen fliederfarbenem Storchschnabel.

Spannend wirkt die Paarung der Komplementärfarben Grün und Rot, etwa das helle Limonengrün von Wolfsmilch neben roten Kronen-Anemonen. Am nobelsten inszeniert ist die Farbe der Könige mit silbrigen, grauen und graublauen Begleitern.

Gelb spendet gute Laune

Doch es ist die Farbe **Gelb**, die – nach Grün – im Pflanzenreich dominiert. Sie wirkt wie ein fröhlicher, unübersehbarer, heiterer Muntermacher. Nicht umsonst leuchten die meisten Frühlingsboten in der Farbe der Sonne! Winterling, Adonisröschen, Schlüsselblume, Zaubernuss, Narzisse, Krokus, Primel, Löwenzahn, Forsythie, Kornelkirsche, Scheinhasel – und natürlich viele Tulpen! Klare Frühlingssonne lässt die Nuancen dieser Farben leuchten, schafft Lichtpunkte zwischen zartem Grün. Steht die Sonne im Sommer senkrecht, strahlen klare Gelbtöne intensiver als andere Farben. Manchmal erzielt schon ein kleiner Klecks große Wirkung: Goldlack oder Ranunkel gucken keck zwischen tiefblauem Vergissmeinnicht hervor. Heißer Tipp vom englischen Garten-Guru Christopher Lloyd, der vehement für mehr Mut zur Farbe im Garten plädierte: »Eine gelbe Pflanze auf drei blaue oder violette reicht!«

Eine der anmutigsten gelben Rosen ist die David-Austin-Rose ‘Graham Thomas’, apart in einem Beet mit

Die starken Kontraste der Blattformen und -strukturen – hier kompaktes Schaublatt und hohe schlanke Chinaschilf-Halme – erzeugen Spannung, die sanften Grüntöne sorgen für Harmonie.

Besenginster, apricotfarbener Ringelblume und dazu als Ausrufezeichen cremegelbem Fingerhut. Ein Hingucker sind hohe Fackellilien mit orange-gelb-rot changierenden Blütenständen. Markante gelbe Leuchttürme sind die kandelaberförmigen Königskerzen, die fast mannshoch in den Himmel ragen. Sie geben einem Beet ebenso naturnahen Charakter wie Goldrute, Schafgarbe und Lupinen.

Wie aus Gold gewebt strahlen all die klassischen Sommer-Schönheiten, die volle Sonne lieben, in sattem Gelb um die Wette: Rudbeckien in vielen Varianten sowie der Purpursonnenhut Echinacea 'Sunrise', der dynamische Solitär Riesen-Alant, die weithin glänzende Sonnenbraut und die goldig schimmernde Stauden-Sonnenblume. Kommen noch Tuffs aus zarten hellen Gräsern hinzu, ist die Harmonie perfekt. Gelb mit scharfen Kontrasten – Rot, Lila, Blau – ist Geschmackssache, es wirkt provokant, aufregend. Ruhige Noblesse bekommt Gelb in der Kombination mit Weiß und Grün.

Grün in Grün beruhigt

Zu **Grün** bekennen sich Avantgardisten und Ästheten. Puristen genießen gar ein monochromes (einfarbiges) Reich aus unendlich vielen grünen Schattierungen – gut für Auge und Nerven. Es erscheint moderat, fast meditativ und absolut nicht fad. Grün wirkt trotz seiner Leuchtkraft beruhigend, blendet nicht wie andere Farben (Orange, Weiß, Gelb). Obendrein ist es diplomatischer Vermittler zwischen kontrastierenden Farben. Für eine rein grüne Pflanzung gibt es unzählige Kombinationsmöglichkeiten. Wichtig ist es, verschiedene Blatt-Texturen zu verwenden.

Farne verleihen eine märchenhafte Wald-Atmosphäre. Mit dem sanften Grün des Frauenmantels wird daraus ein harmonisches Duo, das sich zum attraktiven Trio erweitert, wenn das auffällige Schaublatt *(Rodgersia podophylla)* 'Smaragd' mit seinen smaragdgrünen Blättern als Hintergrund dazukommt.

Perfekt: Farne und Funkien

Ein perfektes Paar bilden Farne und Funkien. Beide haben gleiche Ansprüche an einen halbschattigen oder schattigen Standort. Die breiten einfachen Blätter der Funkien – reizvoll die panaschierten oder weiß geränderten Sorten – ergänzen die filigran geschlitzten Farnwedel perfekt.

Es muss nicht immer bunt sein: Eine Sinfonie ganz in Grün-Nuancen mit der zentralen *Deschampsia* beschert Noblesse und Ruhe. Für Abwechslung sorgen unterschiedliche Formen, Strukturen und Höhen.

Das strahlende Hellblau der niedrigen Glockenblume steigert noch den kraftvollen Ton des Zier-Salbei-Klassikers 'Blauhügel'. Der zartere Lavendel ergänzt das Bild zu einem grandiosen Trio.

Etliche Lenzrosen spenden fast ganzjährig lebhaftes Lindgrün, deshalb eignen sie sich für den Vordergrund einer Pflanzung, bestechen aber ebenso mit guter Fernwirkung. Peppiges Grün entwickeln fast alle Wolfsmilchgewächse, sowohl in ihren Blüten als auch in den Blättern. Süßgräser und Seggen gehören zu einer Symphonie in Grün unabdingbar dazu. Sie setzen vertikale Effekte und steuern Leichtigkeit und alle Schattierungen von Grün über Gelb bis Grau, Braun und Silber bei. Als ehrwürdiger Rahmen für das grüne Kunst-Werk eignen sich immergrüne Kulissen aus Buchs, Eibe, Thuja, Stechpalme oder Efeu, das stets geheimnisvoll wirkt. Lichte Effekte als Kulisse setzen panaschierte Gehölze wie Eschen-Ahorn und viele Hartriegel-Sorten.

Blau entfaltet Magie

Blau ist die magischste Farbe im Garten und vielleicht deshalb die Beliebteste. Manche Blume wurde sogar zum Symbol für besondere Blautöne: z. B. Veilchen, Vergissmeinnicht und Kornblume. Zur Zierde gereichen jedem Garten blaublütige Schönheiten wie Rittersporn, Scheinmohn, Eisenhut, Ehrenpreis, Katzenminze, Edeldistel, Zier-Salbei sowie viele blaue Iris.

Zum Favoriten vieler Gartenbesitzer haben sich die naturnahen Storchschnabel-Arten entwickelt. Allein mit ihrer Farbenpracht innerhalb der Blau-Skala könnte man ein ganzes Beet füllen: Sie schillert vom allerhellsten Azurblau von *Geranium sylvaticum* 'Ice Blue' über strahlendes Blau bei 'Jolly Bee' zu Himmelblau bei *Geranium himalayense* 'Gravetye', um dann in diverse Violett-Schattierungen zu münden wie bei *Geranium clarkei* 'Kashmir Purple'. Die großen Blüten von *Geranium phaeum* 'Lily Lovell' sorgen mit Schieferblau für Aufsehen. Storchschnabel sind geniale Füller im Beet, eignen sich für Unterpflanzungen von Sträuchern und Bäumen, wachsen vor Hecken und einige passen wunderbar zu Rosen.

Der neue Garten-Trend tendiert zu einem Blau, das zu Violett, Flieder oder Pflaumenblau verläuft. Da hat sich der lila-violette Zier-Lauch (gibt es auch in Weiß) vom Neuling zum Liebling im Beet entwickelt. Das anspruchslose Liliengewächs gedeiht fast überall und liebt volle Sonne. Kokett wippen die Blütenbälle an hohen Stängeln. Ein beeindruckender Blickfang ist 'Globemaster', mit tiefvioletten Kugeldolden von 20 Zentimeter Durchmesser. Würdevoll überragt der fast mannshohe violettblaue Riesen-Lauch *(Allium giganteum)* seine Beetgenossen, der Spätzünder blüht im Juli. Bei den anderen Formen blühen im Herbst gesetzte Zwiebeln von Mai bis Juli und bleiben nach der Blüte attraktiv bis in den Spätherbst. Der Rat von Farb-Magier Lloyd: »Mehr als jede andere Farbe braucht Blau einen Kontrast, um nicht fade zu wirken!« Den größten Paukenschlag bringt die Kombination Blau-Gelb. Am vornehmsten wirkt eine Rabatte aus lauter changierenden Blautönen, die vom hellsten Bleu bis zum dunkelsten Purpurviolett wie ein wogendes Meer ineinanderfließen.

Er wirkt wie eine Fata Morgana, der blaue Scheinmohn. Ideal wirkt er als Solitär mit Grün, frech mit Orange, gewagt mit Rosa.

Die violetten Kugeln des Zierlauchs 'Globemaster' sind eine prunkvolle Augenweide, die mit allen Farben harmoniert.

Der Storchschnabel 'Jolly Bee' ist noch recht neu und besticht durch strahlend blaue Blüten mit winziger weißer Mitte.

Themenbereich

Gartenstile

Romantik im ländlichen Idyll

Spätestens seit Amerikas First Lady Michelle Obama einen Teil des kostbaren Rasens am Weißen Haus in Washington beherzt in einen Nutzgarten verwandelte, ist Gemüse im Garten wieder voll im Trend. Den Traum vom Landleben träumen immer mehr Städter, die Lust aufs Land wächst. Mit einem Stückchen Garten im Landhaus-, Cottage- oder Bauerngartenstil lässt sich der Traum verwirklichen. Sogar die einst als spießig verschrienen Schrebergärten finden junge Familien heute wieder schick. Die neue Lust am Garten heißt für viele Grünfinger auch: Sie wünschen sich Schönheit mit Praktischem vereint. Der nur »schöne« Ziergarten mit Blumen ist nicht länger das Nonplusultra. Der Nutzgarten, eigenständig oder als Teil des Ganzen, ist stark im Kommen. Welch schnöder Begriff für ein Stückchen Erde, das uns zahlreiche köstliche kulinarische Genüsse schenkt!

Der Garten als Lieferant für Lebensmittel gehörte einst bei Bauern und den ärmeren Teilen der Bevölkerung, die das Glück hatten, einen Garten zu besitzen, zum Überleben dazu. Blumen waren eher Luxus. Dennoch wuchsen schon in den Klostergärten des Mittelalters und in den Küchengärten des Adels zwischen Gemüse, Kräutern und

Obst immer auch einige Blumen. Einer der prominentesten Selbstversorger des 18. Jahrhunderts war übrigens Geheimrat Goethe. Von der kleinen Scholle rund um sein idyllisches Gartenhaus im Weimarer Ilmpark erntete er Erdbeeren und Spargel und lobte die »zweckmäßige Schönheit eines regelmäßig angelegten Nutzgartens«.

Traditionsreiches Vorbild: Cottage-Garten

Wie ästhetisch und unkonventionell man Nutzen und Zierde harmonisch verbinden kann, zeigen die viel kopierten Vorbilder des traditionellen englischen **Cottage-Gartens**. Grundzutaten sind Hecken und idealerweise alte Ziegelmauern mit Patina, die dem Garten Rückgrat geben. Auch spezielle Gehölze gehören dazu: Flieder, Jasmin, Holunder, Felsenbirne, Schneeball, Eberesche, Zierapfel, Zierquitte und Goldregen. Sie bilden dekorative Kulissen mit markanten Farben und oft herrlichen Düften und sind obendrein Buffet für viele Vögel und Insekten.

Das große Geheimnis dieses Gartenstils: Er wirkt überzeugend urwüchsig, alles fließt natürlich, fast ungebändigt ineinander, so als gäbe es überhaupt keinen Pflanzplan. Die Struktur ist nicht streng formal, es gibt keine akkuraten Rabatten oder in Reih und Glied gepflanzte Blumen. Stattdessen überwältigt verschwenderische Fülle in der Bepflanzung, die wie ein farbenfrohes Patchwork wirkt. Blumen, Gräser und Kräuter mäandern und wogen keck über die Wege. Ein »kontrollierter Wildwuchs« bezaubert, der die Illusion hinreißender Natürlichkeit erzeugt, eine nicht formale Symphonie aus Stauden, ein- und zweijährigen Blumen, Gehölzen, Obstbäumen und Gemüsebeeten. Aber hinter der nonchalant gepflegten Wildnis verbirgt sich auf den zweiten Blick dennoch ein subtiles System.

Wichtige Grundregel ist, das bunte Repertoire an Blumen so zu pflanzen, dass möglichst immer etwas blüht, vom Frühjahr bis in den späten Herbst. Da ist strategische Planung vorab notwendig: Was blüht wann und wie lange? Wie hoch oder breit wird es dabei? Dann kommt man dem Traumziel englischer Cottage-Gartenkunst nahe: Nirgends ist eine Lücke, nirgends ein Fitzelchen Erde zu sehen – und wenn, wird es flugs mit Einjährigen wie Trichtermalve, Zier-Tabak oder Kosmeen gefüllt. Denn alles ist üppig miteinander verwoben und geschickt in den Höhen gestaffelt. Das ist das Erfolgsrezept der so bewunderten englischen Cottage-Gärten und ihrer Lässigkeit.

Der Herbst beschert gesunde und reichhaltige Ernte im Bauerngarten. Dekorative Giganten sind Hokkaido-Kürbisse, ihre Farben spiegeln sich hier in den Zieräpfeln wider.

Auf die klassischen Frühlingsblüher folgt das große Sommertheater mit typisch bäuerlichen Blumen. Ein beliebter Gast seit Jahrhunderten ist die langlebige wie pflegeleichte Pfingstrose mit ihrer barocken Ausstrahlung. »Wenn sie schließlich verblüht, wirft sie ihre weiten Unterröcke mit einem Plumps hin«, so die launig-liebevolle Charakteristik von Englands legendärer Gartenkünstlerin Vita Sackville-West.

Zum Fundus gehören ebenso die Königskerze, Akelei, Storchschnabel, Rittersporn, Phlox und Lupine. Schöne Strukturgeber und Zaungucker sind Stockrosen – sie waren Goethes Favoriten und bilden auch heute wieder eine Allee an seinem Gartenhaus. Viele Blumen, die der Dichter damals liebte, fielen im späten 20. Jahrhundert in Ungnade. Vorhang auf, jetzt erleben sie ihr großes Comeback: z. B. Jungfer im Grünen, Nelke, Goldlack, Kornblume, Lupine, Zinnie und – neuer Liebling bei Avantgarde-Gartendesignern wie Piet Oudolf – die Sterndolde *(Astrantia major)*.

Ob Landhaus- oder Bauerngarten, unverzichtbare Klassiker, die die Beliebtheit dieser Gärten ausmachen, sind auch Mohn und Malve, Frauenmantel, Katzenminze und Zier-Salbei. Den Spätsommer und Herbst verzaubern dann Dahlien, die Bauerngarten-Blumen schlechthin, sowie Sonnenhut, Herbst-Anemone und Herbst-Aster mit einem explosiven Farbenfeuerwerk.

Welch ein Fest, wenn aus Samen nach wenigen Wochen derart knackige Salatköpfe herangewachsen sind. Schneller, unkomplizierter und vielfältiger sprießt kaum etwas im Gemüsegarten.

Schön und schmackhaft sind die Erzeugnisse im Bauerngarten. Hier herrscht bunte Mischkultur. Hochbeete erleichtern Pflege- und Erntearbeiten.

Das Selbstversorger-Paradies liegt im Trend und ist erst perfekt mit rustikaler Laube samt Regentonne und Kletterrose. Nützliches und Schönes sind harmonisch vereint.

Unverzichtbar: Rosen

Was wäre ein Cottage- oder Bauerngarten ohne Rosen? Er würde wie ein Märchen ohne Prinz oder Prinzessin wirken. Kletterrosen zieren Wände und Spaliere, gießen ihren Schwall von Blüten über Pergolen oder Rankgerüste. Vor allem nostalgische Sorten passen perfekt zum Cottage-Stil: Die duftende weiße 'Graciosa' etwa, die gefüllte roséfarbene 'Kir Royal', die halbgefüllte rosarote 'Morning Jewel', in kräftigem Rosa schimmern 'Raubritter' und 'Minnehaha'. Ramblerrosen recken sich noch höher, sie können ganze Lauben einhüllen und schäumend Dächer überwuchern. Der englische Garten-Revolutionär William Robinson ließ erstmals eine Rambler-Rose Apfelbäume erobern. Die originelle Liaison wird seitdem enthusiastisch nachgeahmt. Besonders geeignet sind die zart nach Äpfeln duftende 'Madame Alfred Carriere' und die seidenpapierfeine 'Paul's Himalayan Musk'. Deren muschelrosa Miniaturblüten blühen zwar nur einmal, verströmen aber betörendes Aroma.

Rambler als Baum-Ranker

Ramblerrosen vertragen auch Halbschatten. Unter einem Baum sollten sie an dessen Nordseite gepflanzt werden, von dort wachsen sie durch die Krone der Sonne entgegen. Möglichst einen Meter Abstand zum Baum halten, damit es keinen »Krieg der Wurzeln« gibt.

Landhaus- oder Cottagegärten sind im Grunde »veredelte« Bauerngärten, in sinnlich-anarchischer Variante. Denn der typische deutsche **Bauerngarten** war streng geometrisch eingeteilt, mit geraden Wegen, in Buchs gefassten, kreuzförmigen Beeten und einem Mittelrondell. Bauerngartenblumen, Kräuter und Nutzpflanzen gediehen in schönster Geselligkeit miteinander. Perfektioniert wurde dieser Stil zu Beginn des 20. Jahrhunderts vom Architekten Hermann Muthesius. Berühmt ist die opulente Vielfalt des bäuerlichen Nutzgartens, den der Maler Max Liebermann in seinem traumhaften Areal am Berliner Wannsee gestaltete – er ist heute wieder originalgetreu rekonstruiert zu bewundern.

Im Landhausgarten dürfen Kräuter und Blumen kunterbunt gemixt sein: Mohn, Ringelblumen, Tagetes und Felberich im leuchtenden Potpourri; rechts im Topf: Currykraut.

Der alte Bauerngarten im Stil von heute

Im heutigen Bauerngarten gilt: Anything goes! Buchs kann, aber muss nicht mehr der Rahmen für Beete sein. Wie wäre es mit einer leuchtenden Bordüre aus einjähriger, nicht rankender Kapuzinerkresse? Die wächst blitzschnell und wehrt Raupen, Schnecken, Blattläuse und Ameisen ab. Gemüsebeete müssen kein Schattendasein am Rande fristen, sie können die Blumenbeete einrahmen, zwischen Staudeninseln gepflanzt werden oder sich parallel mit Blumenrabatten abwechseln. Die Grenzen zwischen streng abgetrennten Partien - hier Gemüse, dort Blumen, da Kräuter - weichen immer mehr auf. Und weil Kräuter und Gemüse auch höchst dekorativ sind, mogeln sie sich mutig zwischen die Blumen und umgekehrt. Lavendel, Rosmarin, Thymian und Zierkohl haben sich längst als gleichberechtigte Partner im Staudenbeet etabliert. Dort ist auch Rhabarber ein toller Lückenfüller. Die Artischocke mit ihrer attraktiven Blüte ist fürs Gemüsebeet viel zu schön und begehrte Exotin zwischen nostalgischen Blumen. Obendrein gibt es geheimnisvolle positive Wechselbeziehungen, manche Blumen dienen als wichtige Helfer für gut gedeihendes Gemüse.

Auch Dill wirkt sich günstig auf das Wachstum von Möhren, Kohl, Rote Bete, Salat und Zwiebeln aus. Wegen seiner fragilen Blätter und der schönen gelben Blüten ist er ebenso gefragter Gast zwischen Sommerblumen wie der mehr als einen Meter hohe Kümmel, der mit zarten weißen Blütendolden bezaubert. Attraktive Gemüsesorten sind grüner und roter Grünkohl, grüner und roter Rosenkohl, bläulicher Palmkohl, Mangold mit Stielen in Rot, Orange, Rosa, Gelb oder Weiß sowie roter Brokkoli und Chinesischer Senfkohl (Pak Choi). Zu den alten Gemüsesorten, die gerade wieder entdeckt werden, gehört die prächtig gefärbte Rote Melde. Auch Pastinaken, Mairüben und alte farbige Kartoffelsorten werden wieder geschätzt.

Worauf beruht das große Revival des ländlichen Gartens mit Selbstversorger-Effekt? Es ist der Genuss, Selbstgesätes zu ernten, frisch aus dem Beet auf den Tisch! Zudem hat man Pflanzenschutz, Dünger, Spritzmittel etc. unter Kontrolle, ist damit Herr über Qualität und Aroma des Selbstgezogenen. Auch die Freude, aus einem Samenkorn frisches Gemüse zu ziehen, eigenes Obst zu ernten, spielt eine Rolle. Und in Krisenzeiten - unsichere Wirtschaftslage, Auslandsreisen werden riskanter - gewinnt die Laubenpieper-Idylle ganz neue positive Nebeneffekte. Obendrein gibt es derzeit eine Rückkehr zur regionalen Küche. Sterneköche kredenzen wieder Schwarzwurzeln und Teltower Rübchen. Wie großartig, diese Raritäten aus dem eigenen Garten servieren zu können!

Natürlich gesunder Boden

Tagetes und Ringelblume setzen nicht nur muntere Farbtupfer ins Gemüsebeet, sie sind auch nützliche Nachbarn. Sie halten den Boden gesund, denn ihre Wurzeln scheiden Stoffe aus, die die gefürchteten Wurzelälchen (Nematoden) vertreiben.

Blüten von Studentenblume und der uralten Heilpflanze Ringelblume zieren Beete und Teller. Essbare Blüten sind die neue Mode in der gesundheitsbewussten Gourmet-Küche.

Die himmelblauen zarten Blüten des Borretschs sind eine beliebte Bienenweide und eine reizvolle essbare Dekoration für den Menschen. Die Pflanze liebt Luft und viel Sonne.

Gemüse und Blumen in dekorativem Mix

Das Auge isst mit, darum macht es Vergnügen, Gemüse in verschiedenen Farben und Strukturen zu mixen oder Reihen Ton in Ton zu setzen – das vermeidet Monotonie. Übrigens sind dunkle, rotbraune Salatsorten wie Lollo rosso und Roter Eichblattsalat besonders hitzeverträglich. Wie wäre es mit einem Mosaik aus weißem und violettem Blumenkohl? Die Stangen für Bohnen in all ihren Variationen können als effektvolle vertikale Strukturgeber dienen oder begrünt als Paravent und Windschutz.

Das grandioseste Beispiel dafür, wie ästhetisch Gemüse aussehen kann, bieten die berühmten Gemüse-Pflanzungen im Schlosspark von Villandry (Frankreich). Dort sind die Vitamin-Bomben wie Pretiosen in quadratischen Beeten in Szene gesetzt, großartige Kunststücke aus Kohl & Co.! Zur Delikatesse sind essbare Blüten geworden, auch die Gourmet-Küche hat die uralte Mode neu entdeckt. Köstlich schmecken die pfeffrig-nussigen Blüten von Kapuzinerkresse und Zucchini, die himmelblauen Blüten des Borretschs und selbst die Blüten von Veilchen, Stiefmütterchen, Löwenzahn, Pelargonie, Ringelblume und Taglilie werden goutiert. Selbstverständlich kommen stets nur ungespritzte Blumen auf den Teller.

Kräuter gehören in jeden Küchengarten, haben heilende Wirkung und verfeinern mit ihrem Aroma schmackhaft den Speiseplan. Kurzlebige Kräuter werden jährlich neu ausgesät.

In diesem ländlichen Garten herrscht natürliche, organisch geformte Lässigkeit statt formaler Strenge. Krönung der üppigen Pracht ist die historische Rose 'Versicolor' mit duftenden Blüten.

Gesunde Mischkultur

Damit stellt sich die Gewissensfrage, ob man traditionell oder biologisch gärtnern will. Marie-Luise Kreuters 1981 erschienener Ratgeber »Der Bio-Garten« etablierte sich als praxisnahe Bio-Bibel, die – ständig überarbeitet – nichts an Aktualität eingebüßt hat. Ob biogärtnern oder traditionell, bei Nutzbeeten kommt es auf die richtige Mischung an. Denn es gibt gute und schlechte Nachbarn. Zahlreiche Gemüse vertragen sich gut und beeinflussen sich gegenseitig positiv im Wachstum. Garten-Expertin Kreuter rät zu folgenden Duetten: Möhren und Zwiebeln, Sellerie und Lauch, Tomaten mit Petersilie oder Sellerie, Kartoffeln und Dicke Bohnen, Gurken und Dill, Petersilie mit Radieschen und Rettich.

Folgende Kombinationen sollten dagegen vermieden werden: Salat und Petersilie, Fenchel und Tomaten, Kohl und Zwiebeln, Tomaten und Erbsen, Erbsen und Bohnen, Kartoffeln und Tomaten. Generell gilt: Abwechslungsreiche Mischkulturen stärken sich gegenseitig und bringen höheren Ertrag als Gemüse in getrennten Einzelbeeten.

Zum perfekten Charme des bäuerlichen Gartens gehört aber natürlich auch das adäquate Mobiliar. Stilistisch passend sind Tische, Stühle und Bänke aus unbehandeltem Holz oder Naturstein, je rustikaler und je mehr Patina, desto wirkungsvoller. Eine Alternative sind Metallmöbel,

Anmutige Blumen und Nahrhaftes vereinen sich in farbenfroher Idylle. Der Sommerblumenfülle gegenüber sprießt die Pastinake, ein uraltes wiederentdecktes Wurzelgemüse.

möglichst mit Gebrauchsspuren. Das ländliche Ambiente vollenden schließlich Wege mit Belägen aus Natursteinen oder alten Ziegeln, zwischen deren Fugen kleine duftende oder blühende Polster (Thymian, Trittkamille) sowie Moose hervorlugen. Auch Rindenmulch, Sand oder Gras geben naturnahe und schöne Wege. Feiner Kies ist typisch für den englischen Cottage-Garten.

Laubenpieper-Idyll mit Holzzaun und einer Sonnenblume als Zaungucker – der alte Schrebergarten ist heute gerade bei jungen Familien mit Lust am Selbstanbau wieder beliebt.

Geborgen, abgeschirmt und dennoch mitten in frischer Luft im Freien sitzt man unter einem grazilen Pavillon. Mit transparenten Stoffen erhält er im Handumdrehen individuelles Flair und Atmosphäre.

Der Garten als »grüner Raum« zum Entspannen und Auftanken

Wo ist der schönste Ort im Garten? Dort, wo man sich niederlässt! Auf der Bank, am Tisch, im Liegestuhl, auf dem Freisitz. Für das Nickerchen, den Caffè Latte in der Morgensonne, gesellige Runden an langer Tafel, die intime Lesestunde oder den Kaffeeklatsch unterm Apfelbaum sucht man sich gerne ein gemütliches Plätzchen. Das größte Gartenglück ist, die ganze selbst geschaffene Pracht möglichst oft unter freiem Himmel zu genießen, bei Sonnenschein und - nicht minder attraktiv - auch mal bei bedecktem Himmel. Auf jeden Fall: Mittendrin im Paradies, aber bitte komfortabel! Dahinter steckt die Sehnsucht, den Wohnraum in den Garten hinein fortzusetzen. Der Garten wird zum erweiterten Wohnzimmer oder wie Trendforscher salopp sagen: Draußen ist das neue Drinnen! Ganz bewusst nannten Vita Sackville-West und ihr Mann Harold Nicholson, die Schöpfer des legendären Gartens Sissinghurst (Kent/England), ihre durch Hecken abgeteilten Gartenbereiche »grüne Räume«.

Für jeden Garten gibt es Möbel, die seine charakteristische Thematik unterstreichen und bestenfalls stimmig ergänzen. Der Hamburger Gartenarchitekt Leberecht Migge postulierte schon 1913: »Gute Gärten ohne gute Möbel hat es nie gegeben!« Da Haus und Garten im Idealfall eine architektonische Symbiose bilden, sollten Möbel für draußen den Stil des Gartens widerspiegeln und zur Architektur des Gebäudes passen, vor allem wenn sie direkt oder nah daran anschließen.

Erst das passende Mobiliar macht den Garten perfekt

Je nachdem, in welchem Stil die Möbel ausgewählt und wo sie platziert werden, setzen sie wiederum bestimmte gestalterische Akzente im Garten. Auch das Mobiliar für das Freiluft-Vergnügen unterliegt Moden, aber heute gilt eigentlich: Alles ist erlaubt - cool, antiquiert, rustikal, verschnörkelt, kunstvoll, Country-Style und Retro-Look - Hauptsache, es fügt sich mit dem Garten zum stimmigen Gesamtbild.

Danach kommt die wichtige Wahl des Standortes. Für welchen Zweck ist der Sitzplatz gedacht? Soll er eine abgeschiedene intime Insel werden oder ist eine große Terrasse direkt am Haus gefragt? Oder soll der Platz von dort aus als schöner Blickpunkt sichtbar sein? Soll er in der prallen Sonne oder im Halbschatten liegen? Will man dort frühstücken, feiern und grillen oder den Drink zum Sonnenuntergang nippen, umweht vom Duft der Nachtviolen? Auch im Garten schätzen viele Menschen »Gemütlichkeit«. Sie wollen ungern auf dem Präsentierteller sitzen oder liegen, sondern suchen Geborgenheit. Dies gewährt eine blickdichte Hecke, die dazu noch Windschutz schenkt. Eine praktische, schöne und schnelle Alternative ist das Aufstellen hölzerner oder metallener Rankgitter oder Klettergerüste. Sie wirken leicht, transparent und bilden mit rasant wachsenden dekorativen Schlinggewächsen berankt einen Sichtschutz mit aparten Durchblicken bei jedem Windhauch. Wenn von dieser geschützten Oase aus ein schöner Teil des Gartens oder eine besonders reizvolle Rabatte zu sehen ist - umso besser.

Essplätze sollten nicht zu weit vom Haus entfernt sein, es sei denn, die Entfernung wird aus Lärmschutzgründen bewusst gewählt. Aber man will schließlich nicht Geschirr und Speisen über große Strecken tragen. Hat man einen passenden Platz für das große Schlemmen gefunden, der aber in der vollen Mittagssonne liegt, gibt es inzwischen mehr als den Sonnenschirm, um ihn zu beschatten. Unter der Bezeichnung Gazebo werden leichte und luftige Pavillons angeboten, die ein Dach haben, aber nach allen Seiten offen sind. Darunter fühlt man sich geborgen und sitzt fast nahezu im Freien, mit Panoramablick plus frischer Brise.

Logenplatz mit Panorama
Der Ort für einen Sitzplatz oder eine Bank sollte zwei Anforderungen erfüllen: Von dort aus möchte man einen Blick auf malerische Beete, besondere Gehölze oder ein stimmungsvolles Ensemble von Stauden genießen. Gleichzeitig sollte der Blick vom Haus aus auf den Sitzplatz ebenfalls eine attraktive Szenerie bieten, auf die man gerne schaut.

Es gibt viele Modelle für überdachte Sitzplätze, sachlich, verschnörkelt, rustikal, grazil, aus lackiertem Metall (am witterungsbeständigsten), Eisen oder Holz, die schnell installiert sind. Ranken sich dann noch Clematis, Rosen, Hopfen, Efeu, Glyzinie oder duftendes Jelängerjelieber um die Säulen des Freisitzes, wird das romantische Refugium perfekt und avanciert selbst zu einem wundervollen Blickpunkt im Garten. Glücklich ist, wer seinen Lieblingsplatz unter dem Schatten eines blühenden Obstbaumes oder eines dekorativen Laubbaumes aufschlagen kann: Flirrendes Licht-und-Schatten-Spiel schenken die zart gefiederten Blätter von Robinien, stärkeren Sonnenschutz geben Linden, Buchen und Kastanien.

Das schönste Schmuckstück bleibt die Gartenbank

Das beliebteste und vielleicht unverzichtbare Requisit in jedem Garten, gleich welchen Stils, ist seit Jahrhunderten die Gartenbank. Auf Bildern von Claude Monet über Max Liebermann bis Lovis Corinth ist sie als stimmungsvolles Inventar verewigt, Inbegriff für die Zeit der Muße, die man sich im eigenen Garten Eden gönnt. Die traditionelle Bank im englischen Cottage-Garten ist aus möglichst unbehandeltem Holz. Der englische Architekt Edwin Lutyens entwarf gar eine eigene Bank passend zum Stil seiner Gärten. Die »Lutyens-Bank« aus Teak ist von zeitloser Eleganz, wird bis heute nachgebaut und ist fast zu einer Ikone avanciert.

Sie und ihre unzähligen abgewandelten Schwestern und Nachfolgerinnen bilden vor grüner formaler Kulisse eine noble Szenerie. Eine dekorative Bank, symmetrisch eingerahmt von Gefäßen oder Formgehölzen, wird zum stilistischen Statement. Am Ende eines langen Weges oder einer Sichtachse ist sie attraktiver Blickpunkt, »Point de vue«. Unter höheren Gehölzen wie Flieder-, Holunder- und Jasminbüschen oder unter einer Wolke von Kletterrosen setzt eine pittoreske Bank das stilistische i-Tüpfelchen - und man fühlt sich umhüllt wie in einer Laube. Ist die Bank aus leichtem Material (Metall, Korb, Holz, Alu), lässt sich der Standort beliebig wechseln. Wer jedoch eine Sitzgelegenheit aus Sandstein oder schweren Natursteinen bevorzugt, sollte sich vorher gründlich überlegen, wo diese stehen soll.

Stimulierende Kontraste machen einen Sitzplatz zum Blickpunkt. Kunstvoll verlegtes Steinpflaster, die kleine Mauer, Bank und Bepflanzung nehmen den Schwung des Kreises auf und geben der Szene Dynamik.

Die Klassiker im naturnahen Idyll sind unbehandelte Holzmöbel. Sie fügen sich authentisch in die Natur, statt mit ihr zu wetteifern, und werden durch silbergraue Patina nur noch schöner.

So lässt sich mediterranes Dolce Vita auf die Terrasse nach Hause holen: In sanften warmen Naturfarben sind Bodenbelag und Mobiliar aufeinander abgestimmt. Das grazile Gazebo gibt angenehmen Sonnenschutz.

Eine schlichte Holzbank fügt sich in jede Gartensituation. Perfekt ist sie im Landhausgarten mit nobler englischer Note, wo sie ebenso unverzichtbar zur Tradition gehört wie Rosen.

Im formalen Garten vermittelt weißes Mobiliar kühle Eleganz. Komfortable Korbstuhl-Klassiker in moderner Aufmachung und das luftig-leichte Schattendach bilden eine lässige Outdoor-Lounge.

Die ideale Symbiose: Naturholz und Garten

Möbel aus unlackiertem Holz fügen sich am harmonischsten und selbstverständlichsten in die umgebende Natur ein. Damit sind sie ideal für den Garten im naturnahen, ländlichen oder bäuerlichen Stil. Meist sind sie aus Teak, anderen Tropenhölzern oder Robinienholz (ökologisch korrekt sind Hölzer aus zertifizierten Plantagen). Sie trotzen Wind und Wetter und werden im Alter immer schöner.

Naturholz altert mit Würde

Unbehandelte Holzmöbel nehmen im Laufe der Zeit eine silbergraue Patina an. Sollen sie ihren originalen Holzton behalten, behandelt man die Oberflächen gleich zu Beginn mit einem entsprechenden Öl. Das Beste an diesen Möbeln ist, dass sie auch im Winter draußen bleiben können.

Lange Gartentradition und den höchsten Bequemlichkeitsfaktor haben Korbmöbel. Sie verbreiten nostalgisches Flair oder lässige Lounge-Atmosphäre und passen zu vielen Gartenstilen. Moderne Kunststoffe imitieren Korb perfekt. Sie überstehen mit ihrem wetterfesten Geflecht, im Gegensatz zu echten Korbmöbeln, mehr als einen Regenschauer.

Für den Garten im mediterranen Stil, aber auch für den modernen Stadtgarten bieten Möbel aus schwarzem Metall oder in der leichten Alternative Aluminium oder Edelstahl eine ansprechende Optik. Eine Frage des Geschmacks bleiben farbig lackierte Gartenmöbel. Weißes Mobiliar, seit 1900 bis heute sehr »en vogue« in Villengärten, wirkt vor dunkelgrüner Kulisse sehr ästhetisch. Es zieht aber viel Aufmerksamkeit auf sich und kann schnell zu kontraststark für die sanften Grüntöne von Mutter Natur sein. Oft fügen sich gedeckte Grün-Nuancen oder dezentes Taubengraublau harmonischer ein. Andererseits setzt ein knallblauer oder rosenroter Stuhl, bewusst vor grüner Hecke platziert, einen dramatischen oder fröhlichen Effekt.

Kunst und Licht setzen tolle Akzente

Jeder Garten hat zwei Seiten: farbenfrohes Paradies am Tag und theatralische Traumwelt abends und nachts. Doch dieser spannende nächtliche Aspekt kommt oft viel zu kurz. Die Schönheit vieler Gärten versinkt abends, sie werden zu einem schwarzen Loch, wirken düster, unwirtlich und abweisend. Eine vertane Chance! Denn durch den geschickten Einsatz von Lichtquellen gewinnt der Garten in der Dunkelheit ganz neue geheimnisvolle Dimensionen, verwandelt sich das Terrain in eine völlig andere magische Welt. Gezielt platziertes Licht gibt eine zweite Identität, schafft Atmosphäre und je nach Verwendung der Leuchten und Farben spezielle Stimmungen. Plötzlich entdecken wir unser eigentlich vertrautes Paradies gänzlich neu. Mit einer gut geplanten Beleuchtung erreicht der Garten auch abends Qualität als »erweiterter Wohnraum«. Der pragmatische Nebeneffekt: Beleuchtete Gärten erhöhen die Sicherheit und geben Orientierung.

Um mit Licht sinnvoll zu gestalten, sollte man sich vorher genau das Gesamtkonzept und die Größe seines Gar-

Ein nächtlicher Garten ist geheimnisvoll und gewinnt magische Reize durch die geschickte Platzierung von Licht. Es setzt Akzente oder taucht ganze Inseln in spezielle Atmosphäre.

Leuchten setzen die Silhouetten markanter Gehölze effektvoll in Szene. Bodennah eingesetzt, lassen sie den warmen Farbton der Baumrinde erstrahlen.

Wenn Licht über seinen praktischen Nutzen hinaus auch noch formschön und originell leuchtet, wird es zum Objekt. Glitzernde Sternchen geben dem Kugelgeflecht Romantik.

tens vergegenwärtigen. Wo will man Effekte haben? Was soll in Szene gesetzt werden? Welche Art von Licht soll es sein: diffuses, direktes oder indirektes? Jeder Garten ist eine individuelle Komposition und verlangt dementsprechende Lösungen. Doch nicht die Menge der Lichtquellen ist entscheidend, sondern ihr gezielter Einsatz.

Nachts wird der Garten zur verzauberten Bühne

Betrachten Sie Ihren Garten als Bühnenraum, in dem Sie Ihr eigener Regisseur sind. Veranstalten Sie mit Licht eine stimmungsvolle, harmonische oder magische Inszenierung von Helligkeit und Schatten. Stets effektvoll ist es, charakterstarke Bäume oder Gehölze durch Licht zu Hauptdarstellern werden zu lassen. Größere Bäume werden am besten durch mehrere in die Erde eingebaute Bodenstrahler beleuchtet. Das von unten nach oben strahlende Licht lässt die Baumkronen plastischer wirken. Dabei sollte darauf geachtet werden, dass möglichst viel vom Blattwerk des Baumes reflektiert wird. So wird ein einzelner Baum mit seiner markanten Silhouette, seiner typischen Krone oder seinen faszinierenden Blättern zum lebendigen Kunstwerk geadelt. Auch im Winter, ohne Laub, bezaubert ein majestätischer Baum nachts als bizarrer Blickfang. Jede feinste Verästelung wird durch die Beleuchtung sichtbar. Gehölze, Bambus oder hohe Gräser verwandeln sich durch entsprechende Beleuchtung in Skulpturen von hohem grafischem Reiz.

Auch Schwerpunkte wie Sichtachsen und Wegeverläufe werden durch entsprechende Beleuchtung hervorgehoben. Der Einsatz von Lampen verstärkt die Raumtiefe innerhalb eines Geländes, indem die Leuchten rhythmisch und symmetrisch einen Weg begleiten. Licht, im Vorder- und Hintergrund des Gartens platziert, erzeugt Raumtiefe und kann selbst einen kleinen Garten optisch geschickt vergrößern.

Auf Baumwurzeln achten

Bei großen Bäumen mit massivem Wurzelwerk ist eine nahe Platzierung der Leuchten am Stamm manchmal schwierig. Finden Sie heraus, ob Ihr Baum ein Flach- oder Tiefwurzler ist, und begutachten Sie vor dem Einbau der Leuchten genau den Boden beziehungsweise das Wurzelwerk.

Licht als Skulptur ist ein besonderer Blickfang. Derart kunstvolle Installationen wie die massive Leuchte, umspielt von grazilem Schleier-Eisenkraut, brauchen Raum, damit sich die surreale Aura entfalten kann.

Der Garten als Freiluft-Museum? Warum nicht – Kunst und Natur gehen eine grandiose Symbiose ein. Humor darf ruhig auch dabei sein und von Weitem wirkt die Schwimmerin fast echt.

Magische Szenerien durch raffinierte Illumination entstehen, wenn schöne Mauern, Rosenbögen, Pfosten, Pflanzensolitäre und Skulpturen punktuell hervorgehoben werden. So wird der Garten in einen märchenhaften Sommernachtstraum verwandelt. Wasserbecken, Brunnen und Teiche sind, angestrahlt oder von unten beleuchtet, ein besonders atmosphärischer Blickfang.

Viele Leuchten im Garten sind rein zweckmäßig, sie sollen Objekte ins rechte Licht setzen, aber möglichst unsichtbar oder neutral bleiben. Reizvoll wird es, wenn die Leuchte selbst Aufmerksamkeit als bewusste Inszenierung erregt. Diesen Effekt haben schon preiswerte Leuchtkugeln (z. B. Solar-Leuchtkugeln, die tagsüber Sonnenenergie tanken und sich per Dämmerungssensor automatisch einschalten). Das milchige Schimmern beschert eine spezielle romantische Stimmung. Kugeln sind universell empfehlenswerte Hingucker, weil sie mit ihrer Form weich und harmonisch wirken und sich in fast jeden Gartenstil – ob nostalgisch oder modern – einfügen.

Kunst, Objekte, Skulpturen

Manche Leuchtkörper sind Kunstobjekte – oder Objektkunst. Es gibt ausgefallene, originelle und hochwertige Designer-Objekte oder Unikate, die wie eine Skulptur wirken und auch dementsprechend platziert werden. Dabei kann das Aufeinandertreffen von einer artifiziellen Lichtquelle inmitten einer Wildwiese ebenso spannend sein wie eine verrückte Licht-Installation in barockem Ambiente oder einer Anlage im englischen Cottage-Stil. Eine bei Dämmerung langweilige Rasenfläche wird durch eine dekorative Licht-Installation aufgewertet und auf einmal ins Zentrum der Aufmerksamkeit gerückt. Sie

Fliegende Fische mal ganz anders: Der Keramik-Schwarm ist ein amüsanter Blickfang über der Wasseroberfläche.

Büsten gehören seit der Antike zum Schmuck eines Gartens. Anstelle der Klassiker-Kopien geben moderne Variationen eine sehr individuelle und zum jeweiligen Gartenstil passende Note.

erhält durch das schemenhaft dahinter verschwindende Grün etwas Rätselhaftes, Geheimnisvolles. Manchmal sind es gerade solche bewussten Kontraste, die bestimmten Bereichen Charakter geben.

Das gilt auch für den Einsatz von Kunst im Garten. Die Liaison zwischen Natur und Kunst ist so alt wie die Kulturgeschichte des Gartens. Schon in den Anlagen der Antike schmückten Statuen die Gärten. In den Innenhöfen der Villengärten von Pompeji standen Skulpturen, oft Kopien griechischer Bildwerke. Dies wurde wiederholt in den Gärten der Renaissance und kein Barockgarten – von Herrenhausen bis Versailles und Sanssouci – war perfekt ohne reiches Skulpturenprogramm. Götter und Grazien,

Nymphen und Putten, oft von berühmten Bildhauern angefertigt, bevölkerten diese Paradiese.

In berühmten Gärten des 20. Jahrhunderts verschmilzt die Kunst organisch mit der Natur: Man denke an die Museumsinsel Hombroich (Nordrhein-Westfalen), den Tarotgarten der Künstlerin Niki de Saint-Phalle in Grosseto (Italien), das Museum Louisiana bei Kopenhagen mit seiner grandiosen Symbiose von Skulpturen und Landschaft, den eigenwilligen poetisch-philosophischen Garten des britischen Künstlers Ian Hamilton Finlay »Little Sparta«, Zitat und Hommage an die Antike. Oder den größten Skulpturengarten Europas, De Hoge Veluwe in der niederländischen Provinz Geldern, mit amorphen Plastiken eines Henry Moore und Skulpturen von Auguste Rodin.

Der Garten ist ein Ort, um Kreativität auszuleben. Der aus Rollrasen, Drahtgeflecht und Mutterboden formgenaue Nachbau eines WCs wird bekrönt von der üppigen Kletterrose 'New Dawn' – Witz plus Romantik.

Erst der Stilbruch gibt die originelle Note

Im privaten Arkadien gilt heute das Motto: Erlaubt ist, was dem persönlichen Geschmack gefällt.

Kopien von antiken Statuen und Büsten sind besonders beliebt in englischen Cottagegärten und Gärten mit barockem Charakter. Aber wie bei der Beleuchtung ist es oft erst der Stilbruch, der dem Garten die originelle, individuelle Note gibt. Das kann die Arbeit aus dem Atelier eines Künstlers sein, aber auch eigene Kreativität ist gefragt. Ein mit Moos und Efeu überwuchertes rostiges Fahrrad oder die Gartenbank, ganz mit Gras bewachsen, mutiert vor einer Hecke allmählich zum Objekt, ein Arrangement von alten Zinkgefäßen wird zum Stillleben. Alltagsgegenstände vom Kochtopf bis zum simplen Stuhl werden ihrer ursprünglichen nützlichen Funktion enthoben und bekommen im Zusammenspiel mit wuchernden Pflanzen, mit Patina und Abnutzungen durch Zeit und Witterung plötzlich einen gänzlich neuen, dekorativen Stellenwert.

Auch die Natur selbst kann zur Kunst werden. Topiary nennen die Engländer die schon bei den Römern beliebte Kunst des Formschnitts. In den Gärten des Barocks tauchte sie wieder auf, die Briten perfektionierten sie und jetzt ist sie erneut hochaktuell. Da darf dann auch Humor dabei sein: Eiben werden zu Schachfiguren gestutzt, aus Buchs geschnittene Tiere verwandeln den Garten in einen grünen Zoo oder setzen ironisch-pittoreske Akzente – der Fantasie sind keine Grenzen gesetzt, höchstens der eigenen Fähigkeit, mit der Heckenschere kunstvoll zu hantieren.

Vom Bett auf der Wiese träumt fast jeder. Diese leicht exzentrische Ruhestätte könnte in einem englischen Garten stehen und zeigt, was grüne Fantasie alles hervorbringt.

Der moderne Garten transferiert die formale Strenge des Barocks ins 21. Jahrhundert. Selbst das Beet mit fragilen Gräsern steckt im Rastermaß. Metall, Glas und Stahl verbreiten kühle Eleganz.

Der moderne Garten überzeugt mit klarem Stil

Wie sieht ein »moderner« Garten im 21. Jahrhundert aus? Cool, aber nicht kühl, ein bisschen streng und trotzdem sinnlich. Schließlich gibt es Gartenbesitzer, die weder nostalgische Cottagegärten noch rustikale Bauerngärten mögen. Sie lehnen überschwängliche Blumenbeete und kunterbunte Farbenpracht eher ab. Der Rosenbogen kommt ihnen ebenso wenig ins hehre Grün wie die verschnörkelte Bank aus Gusseisen. Sie wollen weder Sissinghurst kopieren noch den romantischen Selbstversorger-Garten der Großeltern. Stattdessen ist ein frischer neuer Look entstanden, der nicht mit Traditionen bricht, sondern sie zitiert und unkonventionell in die Gegenwart transportiert.

Jeden Mai zeigen Designer in London grüne Trends

Der wichtigste Indikator für grüne Zukunft ist die Königin der Gartenfestivals, die »Chelsea Flower Show« in London. Jedes Jahr Ende Mai finden sich dort Avantgardisten und Gartenenthusiasten aus aller Welt ein. Die älteste und berühmteste aller Gartenschauen demonstriert in spektakulären Show-Gärten die grünen Trends. Zwei konkurrieren seit Jahren miteinander. Der eine ist die Annäherung an naturnahe Wildnis und verschwenderische Rabatten in einem Terrain, das möglichst natürlich und nicht gestaltet wirkt. Mit der entgegengesetzten Vision jedoch gewann 2009 der Schwede Ulf Nordfjell die begehrte Goldmedaille in London.

Sein Erfolgsrezept: Er übertrug das Konzept des herkömmlichen Barock-Gartens ins Hier und Jetzt. Ein streng geometrisches Design bildete den Rahmen für wildhafte Pflanzen in überwiegend sanften Grüntönen. Wasser sowie das klassische Gartenhäuschen inszenierte er zeitgemäß mit einer kühnen, sehr luftigen Konstruktion aus Granit, Stahl und Glas. Nordfjells Entwurf zeigt wegweisend, wie ästhetisch und vital moderne Gartenkunst sein kann, auch wenn Mutter Natur sehr gezähmt ist. Hier ist sie minimalistisch, sehr ästhetisch, ohne zu »cool« zu wirken.

Beschränkung auf das Wesentliche ist angesagt

Minimalismus und Purismus sind die Devise im zeitgenössischen grünen Refugium. Da es in unserer hektischen Welt viel zu laut und bunt ist, wir mit einer inflationären Flut von Eindrücken überschwemmt werden, entwickelt sich der private Garten zur rettenden Oase, die Kontemplation, Gelassenheit und Ruhe beschert. In dieser Gartenform ist Geometrie gefragt, Überschaubarkeit statt Wildnis. Und wenn, dann wird sie in kleinen Inseln eingeschmuggelt, »naughty Elements«, »ungezogene Dinge«, nennt Nordfjell dies ironisch.

Das können kleine Beete im Rasen oder Einfassungen mit naturnahen Stauden am Rande sein. Hollands Stauden-Avantgardist Piet Oudolf gruppiert Wasserdost und Trichtermalve, paart Sonnenhut und Federmohn zusammen. Für den schnellen dekorativen Kick empfehlen sich Arrangements von Sommerblumen, ausgefallene Solitäre oder imposante Gräser in großen mobilen Kübeln (aus modernen leichten Materialien). Sie lassen sich an jeden gewünschten Standort transportieren und sind Blickfang, Farbtupfer oder Skulptur.

Grundsätzlich prägen den zeitgenössischen Garten klare Strukturen, minimalistische Formen und eher besänftigende Farben. Statt der traditionellen Staudenrabatte blühen eine Wildblumenwiese oder ein wogendes Meer von Gräsern, deren sanftes Säuseln beruhigt wie eine Meeresbrise. Beide sind jedoch streng geometrisch abgezirkelt. Gräser sind überhaupt die neuen Stars im modernen Garten, gewinnen den gleichen Rang wie die Blütenstauden. Ihr wachsender Stellenwert gründet darauf, dass sie einen Hauch von Natur und Wildnis noch im akkuratesten Garten verbreiten. Und immer mehr Gartenbesitzer erkennen ihren Schmuckwert im Herbst und Winter. Denn Gräser beschenken uns im Herbst häufig mit spektakulären Farben und danach mit winterfester, spannender grafischer Struktur.

Farbe wird im modernen Garten sparsam, subtil und höchst überlegt eingesetzt, bevorzugt in harmonischen, sanften Abstufungen. Alles außer kunterbunt! Monochrom

Zum geometrischen Stil des klassischen formalen Gartens passt modernes Mobiliar mit schlichten klaren Formen ganz ausgezeichnet. Das Korbgeflecht ist wetterfest und verträgt auch mal einen Schauer.

(einfarbig) muss deswegen nicht monoton bedeuten. Balsam für Augen und Seele sind Nuancierungen nur einer Farbe in unzähligen Facetten, zum Beispiel ein subtiles Grün-Trio aus Funkien, Frauenmantel und Farnen. Harmonisch kann aber auch das Zusammenspiel von miteinander verwandten Farben wirken, etwa rosaroter Knöterich *(Bistorta amplexicualis)* mit blauvioletter Perovskie, malvenfarbenem Dost und als Extravaganz dazwischen silberblaugraue Edeldisteln auf hohen Stängeln. Noblesse verbreiten Paarungen von Weiß mit Grün. Die absoluten Favoriten jedoch sind, nicht erst seit der Londoner Flower-Show, Lila, Violett und in Weinrot changierendes Purpur. Diese Farben schenken z. B. Wasserdost, Storchschnabel, Katzenminze, Zier-Salbei, Schleier-Eisenkraut, Perilla, Schokoladen-Blume, Wiesenknopf, Lavendel und Knautie.

Immergrüne Formgehölze schirmen elegant ab

Als Rahmen und Strukturgeber für einen modernen Garten eignen sich vor allem immergrüne Formschnitt-Gehölze. Sie gliedern das Terrain architektonisch, schaffen Sichtachsen und verschiedene Räume. Die langsam wachsende, aber edle Eibe sowie Buchs sind beliebt und bewährt für geometrisch schlichte Formschnitt-Figuren, wie Kuben, Kugeln und Kreise. Fantasieformen setzen in moderner Version die uralte Kunstform fort, die zeitlos aktuell ist. Grüner Coup in Gärten von Trendsettern: Unter die lockere Krone eines Obst- oder Laubbaumes wird als Kontrast eine Buchskugel wie ein großes grünes Kissen gesetzt. Als Säulen gezogene Formgehölze, in regelmäßigen Abständen gepflanzt, bringen Rhythmus in eine lang gezogene Fläche. Auch Hecken innerhalb eines Gartens strukturieren, je nach Höhe trennen sie verschiedene Bereiche und schirmen sie voneinander ab.

Hinter so einer lebenden Wand liegt der ideale Ort für eine geschützte Ruhezone. Denn gleich welcher Stil, eine Terrasse für die Siesta und gemeinsames Tafeln gehört in jeden Garten, auch in den modernen. In dieses Ambiente fügt sich ein Mobiliar, das klar und unverschnörkelt ist. Die extravagante Note geben Möbel mit komfortablem Lounge-Appeal: Ausladende Liegen, Chaiselongues, korbartige Sofas, Kuben aus Korbgeflecht. Die neuen Gartenmöbel sind leichtgewichtig, zierlich, elegant, futuristisch oder streng formal und fast alle aus innovativen wetterfesten Materialien gefertigt. Sie überstehen unbeschadet kräftige Schauer und können fast die gesamte Freiluft-Saison einfach draußen bleiben. Materialien für Bodenbeläge sollten sich im Einklang mit dem klaren Stil des gesamten Gartens befinden, z. B. große rechteckige oder quadratische Platten. Natursteine in dezenten Erdfarben fügen sich gut in die grüne Umgebung. Lange Holzplanken heben eine Terrasse im wahrsten Sinne von der Umgebung ab und wirken besonders naturnah.

Bambus als transparenter grüner Paravent

Vor Jahren noch ein Exot, hat sich Bambus inzwischen längst in unseren Gärten etabliert und bleibt nach wie vor beliebt. Man muss nicht unbedingt einen Asia-Garten besitzen, Bambus fügt sich mit seinem zarten Grün in viele

Eine elegante Symbiose von Architektur und Natur: Hecken und weiße Mauern setzen das Hochbeet mit Bodendeckern und dem malerisch verästelten Essigbaum wirkungsvoll in Szene.

Geschützte Plätze sind wichtige Fluchtpunkte im Garten. Mit einer Sichtschutzwand aus Holz, sanften Farben und dem Duft von Lavendel gibt die kleine Oase Raum für Entspannung.

Extravagante Lounge auf der Höhe der Zeit: Asien-Stil und kubische Möbel bleiben weiterhin im Trend. Der Minimalismus lässt sich durch sinnliche Farben, Stoffe und filigrane Blüten, wie die der Katzenminze im Vordergrund, auflockern.

Bambus pflegen und schützen

Die meisten Bambus-Sorten sind bei uns frosthart, vertragen Temperaturen bis minus 25 Grad Celsius. Eine Winterabdeckung aus Pferdedung gibt Jungpflanzen guten Schutz. Verabreichen Sie ausreichend Wasser und Dünger im Sommer. Bambus gedeiht jedoch nicht auf Standorten mit Staunässe.

Gartenstile. Gartendesigner schätzen das immergrüne Gewächs, das übrigens botanisch zur Gattung der Süßgräser gehört, wegen seiner ästhetischen Flexibilität. Mit der filigranen strauchartigen Silhouette ist es ein idealer Gestalter im modernen Garten, ein transparenter Paravent mit geheimnisvollem Rascheln. Am schönsten wirkt Bambus als Solitär an einem Teich, vor Gehölzrändern mit hohen Bäumen dahinter oder in einem Staudenbeet. Dort sollten Sie ihn jedoch unbedingt mit Wurzelsperre

Ein intimer Sitzplatz ist die Basis für echten Gartengenuss. Die rustikalen Gabionen strahlen gespeicherte Wärme ab, raschelnder Bambus gewährt transparenten Sichtschutz.

setzen, damit er die Beetnachbarn nicht bedrängt. Wer genügend Platz hat, legt sich ein kleines Bambus-Wäldchen an. Das Beste am Bambus: Er ist die am schnellsten wachsende Pflanze überhaupt.

Wasser spielt eine große Rolle im zeitgemäßen Garten, als Gestaltungsmittel ebenso wie als Therapeutikum: »Öfter mal aufs Wasser blicken«, empfahl schon der Arzt und Dichter Gottfried Benn zu Beginn des 20. Jahrhunderts als beste Medizin gegen Stress. Im trendigen Garten plätschert es nicht mehr im traditionellen Springbrunnen, sondern formale Bassins, beispielsweise aus dem Trend-Material Cortenstahl, ordnen sich als kunstvolle Design-Objekte in die grüne Inszenierung ein.

Und wie nennt sich nun dieser Stil des modernen Gartens? »Stil interessiert mich nicht«, sagt der preisgekrönte grüne Avantgardist Nordfjell, »ich will gärtnern!«

Faszination à la Fernost

Die Faszination, die Gärten im asiatischen Stil auf uns Europäer ausüben, hält sich seit Jahren ungebrochen. Ausgelöst wurde die Mode unter anderem durch die Internationale Gartenschau in Hamburg, wo 1985 mit »Planten un Blomen« der größte Japanische Garten seiner Art in Europa entstand. Es ist der Reiz fernöstlicher Exotik, gepaart mit einer speziellen Ästhetik, die diesen Gartenstil auszeichnen. Er ist von strenger Schönheit, ein Gesamtkunstwerk voll tiefer Symbolik, das dem Betrachter oder darin Wandelnden Kontemplation, geistige Erkenntnis und Erholung schenken soll.

Ein Gesamtkunstwerk voll tiefer Symbolik

Doch auch ohne Kenntnis der Tradition und Bedeutung spendet dieser asiatische Export einfach Freude. Seine Ursprünge gehen auf zwei traditionsreiche, aber unterschiedliche Stile zurück: Der **Japanische Garten** ist eher ein Betrachtungsgarten, den man vom Haus aus genießt. Der japanische Schönheitssinn ehrt dabei das Unnachahmliche in der Natur und die vom Menschen perfektionierte Form, er schafft ein lebendiges Gemälde von großer poetischer Kraft. Der **Chinesische Garten** versteht sich mehr als ein begehbares Landschaftsbild. Beide bilden, oft auf kleinstem Raum mit wenigen Elementen voller Symbolik, grandiose Miniaturlandschaften ab. Die zwei Stile sind heute bei uns zum fernöstlichen, asiatischen Garten verschmolzen.

Zu den typischen Gestaltungselementen gehören immergrüne Formgehölze und Gehölze mit attraktiver Laubfärbung, Brücken, Steinformationen und eine Wasserlandschaft (die auch symbolisch durch eine trockene Kiesfläche dargestellt werden kann). Aus ihnen formt sich ein Panorama, das zur Besinnung auf die Elemente

Eine kunstvoll modellierte Landschaft als eigener Kosmos. Gezielt setzen einige Gehölze farbige Akzente. Alles spiegelt sich in der Wasserfläche, die ein Symbol für den Himmel ist.

Die Sinfonie aus sanft abgestuften Grüntönen und Steinen strahlt erhabene Ruhe aus. So kommen die immergrünen Formgehölze – jedes ist für sich ein Kunstwerk – noch besser zur Geltung.

der Natur einlädt. Im Idealfall ist der Garten so gestaltet, dass die gesamte Anlage nicht mit einem Blick erfasst werden kann, sondern sich beim Bewegen in dieser Landschaft ständig neue Perspektiven und Entdeckungen ergeben, wie im Englischen Landschaftspark.

Weiche Uferlinien für Teiche

Als Faustregel für eine Wasserfläche – egal ob sie symbolisch mit Kies oder mit natürlichem Wasser gestaltet wird – gilt: Auf einer Fläche von 100 Quadratmetern sollte sie etwa ein Drittel einnehmen. Dazu gehört eine geschlängelte, natürlich wirkende Uferkante, die durch eine lockere Bepflanzung noch weicher wirkt.

Bei der Gestaltung der Anlage sollte man das Blickfeld vom Haus zum Garten und umgekehrt besonders berücksichtigen. Die äußere Begrenzung können größere, möglichst immergrüne Gehölze, Bambusmatten, glatte Wände oder Schilfrohr bilden. Durch diese weitgehend undurchdringliche Abschirmung kann sich der Blick auf das Innere des Gartens konzentrieren. Dort geht es um klare Linien und die Betonung von Formen und Strukturen. Hat man genügend Raum, wird als Erstes die Wasserfläche angelegt.

Das grüne Gerüst des fernöstlichen Gartens bilden effektvolle immergrüne Nadelgehölze. Kunstvoll beschnittene Bonsai-Kiefern sind das prägende Gestaltungselement. Oft reicht ein Solitär als bewunderungswürdiger Blickfang. Sollen sie nicht zu groß werden, setzt man sie im Kübel in die Erde. Auch die Japanische Sicheltanne *(Cryptomeria*

Die Feinheiten machen den Reiz des Asia-Stils aus. Die Schönheit diverser Blatt-Strukturen wird durch Formschnitt hervorgehoben, nur Bambus darf ungezügelt wachsen. Eine Steinlaterne unterstreicht das fernöstliche Flair.

japonica) ist ein Star. Wacholder, Lärche und viele Kiefern-Formen, von der ganz gewöhnlichen Wald-Kiefer *(Pinus sylvestris)* über die Strauch-Wald-Kiefer (*P. sylvestris* 'Watereri') bis zur Dreh-Kiefer *(Pinus contorta)*, lassen sich in jene artifiziellen Formen schneiden, die typisch für diesen Gartenstil sind. Die kompakten Formen symbolisieren Berge, Steine, Wolken und Wellen, wie die japanische Landschaft sie bietet.

Kiefern sind ideal für kunstvollen Schnitt

Zahlreiche Kiefern – sie stellen mit etwa hundert Arten die größte Gattung innerhalb der Nadelbäume dar – bilden mit der Zeit schon in ihrer natürlichen Wuchsform malerische Kronen. Sie können schirm-, pyramiden-, kegel-, kugel- oder kissenförmig sein. Die Kiefer verkörpert in Asien Langlebigkeit und Beständigkeit.

Dazu gesellen sich dekorative Laubgehölze, die durch ihre Silhouette, Blüte, Blattform oder -färbung auffallen: z. B. Japanische Kirsche und Pflaume. Auch die Felsen-

Kiefern als idealer Schirm

Kiefern eignen sich wegen ihres lichtdurchlässigen Kronengerüstes und ihren recht tief gehenden Wurzeln bestens für die Unterpflanzung mit Gehölzen und Stauden. Daher sind sie ideale Partner für Rhododendron und Azaleen. Sie brauchen viel Licht und sollten unbeschattet stehen.

birne passt mit ihren weißen Blütenwolken und der kräftigen Herbstfärbung gut ins Asia-Ambiente. Klassiker sind Rhododendron und Azaleen, sie setzen mit flammenden Blüten im Frühjahr die einzigen Farb-Akzente im fernöstlichen Garten. Azaleen säumen Teiche und Wege und bilden leuchtende Wogen zwischen der Symphonie aus Grüntönen. Denn Blumen finden sich im traditionellen japanischen Garten kaum; früher wurden Pfingstrosen und Chrysanthemen, die Nationalblume Japans, in Kübeln aufgestellt. Sehr beliebt seit alters ist in Asien die immergrüne Duftblüte *(Osmanthus heterophyllus)*, die im Mai und Juni aus vielen kleinen weißen Blüten süßes Parfüm verströmt. Der bis zu drei Meter hohe Strauch ist bei uns in milden Regionen winterhart, sollte aber mit Laub und Mulch geschützt werden.

Die exotische Eleganz des Bambus ist unübertroffen (hier *Phyllostachys aureosulcata* 'Spectabilis'). Immergrün, filigran und doch unglaublich biegfest sorgt er für Sichtschutz.

Die kunstvollen Big-Bonsai-Gehölze werden immer ausgefallener. Hier wurde eine Süd- oder Pfennigbuche in aufwändiger Handarbeit in Wolkenform getrimmt.

Ahorne voller Leuchtkraft als malerische Solitäre

Die Juwelen des fernöstlichen Gartens sind Japanische Ahorne, sie erinnern an die Bergwälder ihrer Heimat. Ahorne bereichern den Garten mit auffälligen Blattformen und entfalten im Herbst ein spektakuläres Feuerwerk von Gelborange über Leuchtendrot bis Karminrot. Japanische Fächer-Ahorne *(Acer palmatum)* bieten die größte Vielfalt (über 300 Varietäten), sie bezaubern mit pittoresken Zwerg- und kompakten oder schirmförmigen Wuchsformen. Ihre filigranen, fein zerteilten Blätter wirken sehr elegant. Prachtexemplare sind Mimosen-Ahorn ('Kamagata') mit tief geschlitzten Blättern in Gelb-Orange oder dunkelroter Kaskaden-Ahorn ('Inaba-Shidare'). Aber auch andere Arten wie Samt-Ahorn *(Acer velutinum)* mit stark dunkelrotem Laub oder Feuerahorn *(A. ginnala)* in glühendem Karminrot bieten im Herst unglaubliche Farbenpracht.

So viel anmutiger Schönheit gebührt ein Logenplatz an Sitzplätzen oder Teichufern. Als Ensemble in mehreren Farben und Größen kommt die Leuchtkraft der Ahorne vor immergrüner Kulisse (Eibe oder Buchs) traumhaft zur Geltung. Größer, wüchsiger und robuster sind Japan-Ahorne *(Acer japonicum)*, die mit ausladenden Kronen bis zu sechs Meter Höhe und Breite erreichen. Der Eisenhutblättrige Japan-Ahorn *(Acer japonicum* 'Aconitifolium') schenkt mit heftig roten Blättern eine der schönsten Herbstfärbungen überhaupt.

Die Farbenpracht von Rhododendren und Azaleen

Ein attraktiver Nachbar für Rhododendren, Azaleen und Nadelgehölze, aber auch ein prächtiger Solitär ist die Japanische Lavendelheide *(Pieris japonica)*. Der locker aufrecht wachsende Strauch mit leicht überhängenden Seitenzweigen wird im April/Mai zum Blickfang durch weiße lange Rispen, die wie kleine Schaumkronen zwischen immergrünen Blättern wippen. Ein passendes Heidekrautgewächs ist die aus Japan stammende Prachtglocke *(Enkianthus)*. Der hoch aufragende Strauch (drei bis vier Meter) hat lockere Zweig-Etagen. Vor den Blättern erscheinen Büschel zierlich glockenförmiger rötlicher Blüten. Im Herbst sorgt die feurig rot-gelbe Blattfärbung noch einmal für Aufsehen – ein spektakulärer Solitär auch für kleinere Gärten.

Auch wer nur wenig Platz hat, muss auf den Asia-Style nicht verzichten. Selbst der kleinste Vorgarten oder ein winziger Hinterhof lassen sich mit wenigen Elementen in ein Kunststück verwandeln. Einer der berühmtesten Zen-Gärten Japans besteht aus einer Komposition aus fünfzehn Steinen und einem Kiesbeet. Ästhetisch wirkt feiner Kies (nicht zu hell wegen der Blendwirkung) auch auf Wegen oder anstelle von Bodendeckern. Wer es lieber grün mag: Als Bodendecker sind Moose ideal sowie Farne und Funkien wegen ihrer nuancenreichen Grün-Schattierungen und interessanten Blattstrukturen. Am Sitzplatz erzeugt ein Holzdeck eine harmonische Wirkung.

Weitere reizvolle Gestaltungselemente können Brücken sein. Am häufigsten nachgeahmt wird die sogenannte Mondbrücke. Als Halbkreis wölbt sie sich über das Wasser und bildet zusammen mit ihrem Spiegelbild einen perfekten Kreis oder Vollmond. Ein fernöstlicher Garten ist im Idealfall wie ein perfektes Gedicht aus Pflanzen, Steinen und Wasser.

Zu den schönsten asiatischen »Einwanderern« gehört die Zierkirsche 'Accolade'. Kein Wunder, dass die anmutige Pracht dieses Frühlingsbotens in Japan mit Volksfesten gefeiert wird.

Bäume und

Sträucher

Fragile Blütenschätze als zauberhafte Frühlingsboten

Der lange triste Winter lässt sich verkürzen, ja regelrecht austricksen, wenn man die richtigen Pflanzen hat. Früh blühende Bäume und Sträucher sind das Wundermittel. Sie stillen die Sehnsucht nach dem lang erwarteten Frühling, weil sie ihn um Wochen vorverlegen. Sie setzen als dekorative Pflanzen zauberhafte Akzente, ob als Hintergrund oder als Solitär. Je nach Größe und Blütenfarbe strahlen sie als weithin leuchtendes Signal des nahenden Frühlings oder Frühsommers. Es gibt für jeden Gartenstil und jede Größe den passenden Frühlingsboten. Eine schmalkronige Zier-Kirsche schenkt mit ihrer Wolke aus tausenden kleiner weißer oder rosafarbener Blüten dem kleinsten Vorgarten zarte Anmut. Viele Frühblüher bezaubern mit fragilen Blüten und süßen Düften.

Vor dem Pflanzen sollte geprüft werden, ob der gewünschte Standort die notwendigen Boden- und Lichtverhältnisse für das begehrte Gehölz bietet. Auch die Wüchsigkeit ist zu bedenken: Wie wirkt das Gehölz in fünf oder zehn Jahren? Welche Höhe und Breite wird es dann haben? Ist es schnell- oder langsamwüchsig? Soll das Gehölz als Solitär im Blickpunkt stehen oder lieber Kulisse sein? Viele früh blühende Gehölze erfüllen doppelte Funktion: Einerseits gehören sie mit ihrer Blütenpracht in die Kategorie dekorative Pflanze und sind die Vorreiter im Blütenjahr. Gleichzeitig können sie, je nach Größe und Form, nicht nur schmückend sein, sondern auch Funktionen als Strukturgeber und Gerüstbildner übernehmen, beispielsweise als raumtrennende oder rahmende Hecke (z. B. Weißdorn, Flieder).

Deshalb ist beim Anfertigen eines Pflanzplans der Aspekt des richtigen Standortes zu bedenken: Bezaubert der Frühlingsbote nur wenige Wochen mit seiner Blütenpracht und wird danach unscheinbar? Oder bleibt er auch nach der Blüte attraktiv, etwa durch seine Silhouette, den Wuchs oder sein Blattwerk.

Passt die knallgelbe Forsythie zum Ambiente eines streng formalen Gartens in Grüntönen? Und harmoniert sie, nah ans Haus gepflanzt, zur Fassade aus Ziegeln, Kalksandstein oder Holz? Die angestrebte Wirkung sollte vor dem Pflanzen gut überlegt sein.

Gerade wenn es draußen noch kalt und kahl ist, bezaubern die kräftig magentafarbenen Blüten der Purpur-Magnolie *(Magnolia liliiflora)*; hier die Sorte 'Betty'.

Extravagante und sehr frühe Pracht bescheren die zierlichen Blüten der Sternmagnolie *(Magnolia stellata)* schon ab März, hier 'Powder Puff'.

Die Magnolie gilt mit ihrer verschwenderischen Blüten-Opulenz als Königin der früh blühenden Gehölze. Schöner kann kein Sitzplatz im Frühling sein als unter der duftigen Wolke aus weiß-rosa Blüten von *Magnolia* x *loebneri* 'Leonard Messel'.

Die Magnolie – Königin des Frühlings

Ob großer oder kleiner Garten – es gibt einen Klassiker, der jedes Areal temporär in ein kleines Paradies verwandelt. Die Magnolie ist die »Glamour-Queen« der frühen Blüher. Manche halten den Debütanten des Frühlings aber auch für anspruchsvoll und kapriziös. Die exotische Pracht verlangt nach einem »Präsentierteller« und viel Platz, um die volle Wirkung zu entfalten. Zu der uralten Pflanzenfamilie, deren ursprüngliche Heimat Ostasien und Nordamerika ist, gehören zahlreiche zeitig blühende Arten *(Magnolia* x *soulangeana, M. kobus, M. denudata,*

Der Zierapfel *Malus sargenti* 'Tina' wächst zu einem kompakten, breitwüchsigen Strauch mit überhängenden Ästen heran. Er wirkt während der Blütezeit überwältigend – ein grandioser Solitär und ganz anders, als man Zieräpfel kennt.

M. stellata, M. x *loebneri*-Hybriden). Die Magnolie gilt als die Königin früh blühender Gehölze, kein anderes hat so verschwenderisch viele, üppige und große aparte Blüten. Bei vielen Arten entfalten sie sich reizvoll vor dem Laubaustrieb. Aus flauschig pelzigen Knospen entwickeln sich Kelche in Teller-, Tulpen- oder Lilienform mit Blütenblättern wie aus hauchfeinstem Porzellan. Sie schimmern silberweiß, perlmuttfarben, muschelrosa, pink oder violett.

Die Stern-Magnolie *(M. stellata)* eröffnet den Reigen mit stark duftenden, rein weißen sternförmigen Blüten, danach erst folgen die Blätter. Auch wenn das faszinierende Blütenfeuerwerk sehr flüchtig ist – was wäre das Frühjahr ohne diese Pracht? Ab April zieht die Tulpen-Magnolie *(Magnolia* x *soulangeana)* alle Blicke auf sich. Ihre Blütenfülle kann überwältigend sein, die ausladende Krone wirkt wie eine rosa-weiße Wolke auf krummem kurzem Stamm. Die Purpur-Magnolie *(M. liliiflora* 'Nigra')

Magnolien nicht stören

Die Magnolie sollte als Solitär einen ausgesuchten Standort auf humosem, nährstoffreichem, ausreichend feuchtem und leicht saurem Boden erhalten. Zu tiefes Pflanzen ist ebenso schädlich wie Bodenbearbeitung mit Grabegabeln, da die empfindlichen Wurzeln sehr flach im Oberboden liegen. Frühlings-Zwiebelblüher daher gleich mit einpflanzen.

hat Star-Format durch tief purpurrote Blüten. Eine Magnolie in voller Blüte versprüht jedenfalls gute Laune und erzeugt Frühlingslust.

Der beste Platz für Magnolien ist vollsonnig und leicht windgeschützt. Dort sind ihre Blüten vor spätem Frost sicher und die Magnolie kann ihre Schönheit ungehindert entfalten. Vielleicht platziert man unter diesen wundervollen Sonnenschirm eine Bank, um in Blütenwogen einzutauchen - oder arrangiert einen Sitzplatz mit Panoramablick auf das Wunderwerk. Nach der Blüte und selbst nach dem Laubfall bleibt die Magnolie mit ihrem Habitus und der bizarr verästelten Wuchsform immer noch eine Augenweide.

Als Orientierungshilfe in der Vielfalt der Frühlingsblüher erfolgt hier eine Übersicht, pragmatisch nach Farben geordnet.

Zarte Anmut von Felsenbirne, Zier-Kirsche & Co.

Der Schneeball *(Viburnum)* ist ein dichtbuschiger, meist bis drei Meter hoher Strauch. Von den vielen Arten, immergrün oder Laub abwerfend, gibt es einige, die vorwitzig schon ab November ihre rosa oder weißen kugeligen Blütendolden oder -rispen zeigen. Der Duft-Schneeball *(V. farreri)* macht seinem Namen Ehre und betört mit süßlichem Parfum, ein rarer Genuss zur Winterzeit. Mit ihrem lockeren Wuchs eignen sich die meisten Schneeball-Arten (manche bis zu vier Meter hoch) gut als Hecke im Hintergrund. Ein kostbarer Winterblüher, der mit seinem außergewöhnlichen Anblick einen Ehrenplatz verlangt, ist die ab November blühende Schnee-Kirsche *(Prunus subhirtella* 'Autumnalis'). Der Zierstrauch oder Kleinbaum überwältigt mit weißlich-rosa Blüten, die in der hängenden Variante *(P. subhirtella* 'Pendula') zur Kaskade werden.

Die Felsenbirne ist eine immer beliebter werdende Universalzierde. Sie eignet sich als prachtvoller Solitär, im kleinen Ensemble oder als robustes Mitglied in gemischten Wildsträucherhecken. Der bis zu acht Meter hohe malerische Großstrauch mit natürlich wirkendem Wuchs bezaubert ab Ende April mit einer weißen Blütenwolke. Ein anspruchsloses Gehölz für trockene wie feuchte Böden, Sonne oder Halbschatten.

Kein Frühling ohne den anmutigen Zauber der Zier-Kirschen! Mit ihren frühen Blüten, ihrer Leichtigkeit und der fast durchschimmernden Transparenz ihrer Blütenberge, die von reinstem Weiß bis zu pastellfarbenem Rosa changieren, sind sie das Symbol des Frühlings schlechthin. Kein Wunder, dass so viel Schönheit, gepaart mit Artenreichtum, die Japanische Blüten-Kirsche *(Prunus serrulata)* zu einem der beliebtesten Gehölze macht. Die Japaner feiern die Kirschblüte mit einem Fest, dem »Hanami«. Im formalen Garten macht sich ein symmetrisch platziertes Paar oder gleich eine ganze Allee gut. Als Solitär peppt die Zier-Kirsche den Vorgarten auf oder erleuchtet monotone Ecken.

Asiatisches Flair verbreitet auch die Japanische Lavendelheide *(Pieris japonica)*. Ein anmutiger, bis zu drei Meter hoher locker wachsender Strauch oder pittoresker Zwergstrauch, der mit immergrünem Blattwerk und weißen, hängenden Blütenrispen von April bis Mai erfreut. Die Züchtungen 'Red Mill' und 'Mountain Fire' überraschen mit kardinalroten Blättern im Austrieb. So viel Schönheit wird als Solitär am besten gewürdigt.

Ein Multi-Talent ist der Weißdorn *(Crataegus)*. Ob Großstrauch oder Kleinbaum, das vielgestaltige Gehölz bezaubert im Mai mit hauchfeinen weiß-rosafarbenen Blüten an Schirmrispen (zur gleichen Familie gehört der

Nach ihrer Blütenpracht im Frühjahr bezaubern Zieräpfel wie 'Brandy Magic' im Herbst mit unzähligen Früchten. Sie stellen vor allem für Vögel ein köstliches Buffet dar.

rot blühende Rotdorn). Den sehr kräftigen Duft mag nicht jeder, also besser nicht in Sitzplatznähe pflanzen. Mit seiner kleinen kompakten Krone ist er als Baum schöner Blickpunkt im formalen Garten, beispielsweise vor immergrüner Hecke, eignet sich für kleine Reihenhausgärten, ist wirkungsvoll als Allee, zur Betonung von Durchgängen oder als dornige Hecke. Das robuste anspruchslose Gehölz bereichert im Herbst durch gelb-orange-rote Laubfärbung und rote Beeren.

Zu neuen Lieblingen im Frühlingsgarten sind Zier-Äpfel *(Malus)* avanciert. Im Mai hüllen sie sich in überwältigende duftende Blütenkokons, setzen nach Magnolie und Zier-Kirsche ein grandioses Finale des blühenden Frühlingsreigens. Feinste Blüten flirren in strahlendem Weiß, Hell- und Dunkelrosa, Violett, Rubinrot und Nuancen dieser Farben. Als Großstrauch mit lockerem Habitus wirkt der Zier-Apfel sehr natürlich. Eleganter ist er als Kleinbaum mit kompakter kugelförmiger Krone. Als Pärchen bildet er eine anmutige Begrüßung zum Entree. Eine doppelte, lange Allee von Hochstämmchen, in edlen grünen Rasen gesetzt, verwandelt während der Blüte einen formalen Garten in ein Feen-Reich.

Mit Höhen zwischen zwei und zehn Metern verschönt er vor allem kleine Stadt- und Reihenhausgärten, Vorgärten und Innenhöfe, gibt sich sogar mit einem Kübel auf Balkon und Terrasse zufrieden. Und das Beste: Die so fragil wirkenden Gehölze, von denen es über 400 Sorten gibt, sind winterhart, anspruchslos, robust, frosthart, stadtklimafest und erstaunlich langlebig, sie werden bis zu 50 Jahre alt. Nach ihrem kurzen Blütenrausch im Frühling treten sie im Herbst erneut ins Rampenlicht dank ihrer leuchtend roten Früchte.

Inbegriff des Monats Mai ist der Flieder, Lila in allen Nuancen ist die typische Blütenfarbe. Der gewöhnliche Flieder (*Syringa vulgaris,* hier 'Ostankino') treibt starke Wurzelausläufer.

Revival für den romantischen Duftkönig

Ein erstaunliches Revival erlebt gerade ein Klassiker aus dem Garten unserer Großeltern. Der Flieder galt zeitweilig als altmodisch, spießig, als Land-Ei. Doch mit der neuen Lust am Land und an naturnahen Gärten wird seine unverwechselbare nostalgische Schönheit neu geschätzt. Was wäre ein Garten im Mai ohne seine typischen Blütendolden, seine kräftigen Lila- und Violettfarben, die zu blassem Pastell ausbleichen? Was ohne jenen charakteristischen, betörend blumigen Duft, den wir auf Anhieb mit Kindertagen im Garten verbinden?

Mit seinen weichen fließenden Formen ist der Fliederstrauch (mittelgroß bis groß, bis zu sechs Meter Höhe) ein wunderbarer Vermittler zwischen hohen, geometrisch geschnittenen, immergrünen Hecken im Hintergrund und farbenfrohen Staudenbeeten davor. Bildet er selbst eine Hecke, in verschiedenen Farben gemixt oder in einer Abstufung von violetten Nuancen, ist er ein romantisches Passepartout für den Cottage-Garten. Selbst radikal ästhetische Modernisten sollten sich einen Fliederbusch, und sei es im Kübel, gönnen! Es gibt unzählige gefüllte und ungefüllte Kultursorten in hinreißenden Farben. Weiße und violette Varianten geben ein sinnenfrohes Ensemble mit Goldregen, Jasmin und Schneeball.

Flieder blüht am besten nah am Sitzplatz, damit man seinen herrlichen Duft ausgiebig genießen kann. Der Gewöhnliche Flieder *(Syringa vulgaris)* ist so widerstandsfähig und windresistent, dass er in Norddeutschland als Wind-

Neben der opulenten, romantischen Blütenfülle bezaubern fast alle Flieder-Arten mit betörenden Düften. Besonders intensives süßes Aroma verbreitet der Persische Flieder *(Syringa* x *persica)*.

Wie mit winzigen Juwelen behangen wirken die malerisch gewachsenen Zaubernuss-Sträucher zur Blütezeit. Sie ergeben herrliche Solitäre, die wegen ihrer Schönheit und ihres Dufts nah am Weg oder Haus stehen sollten.

schutzhecke dient. Ansonsten liebt er Sonne, ist frosthart und mag durchlässigen, mäßig trockenen bis feuchten Boden. Wildformen bilden als Solitäre imposante Büsche mit elegant hängenden Zweigen. »Eine gute Investition in zukünftiges Vergnügen, das uns über Jahre hinaus wachsende Freude bringen wird«, plädierte schon die englische Liebhaberin malerischer Gehölze, Vita Sackville-West, für den Kauf dieser Gartenschönheit.

Die Frühesten im Garten

Zu den Mutigsten zur kalten Jahreszeit gehört der Winter-Jasmin *(Jasminum nudiflorum)*. Er ist mit seinen dottergelben Blüten eine überraschende Augenweide. Eigentlich ist er kein aufrechter Strauch, sondern ein Spreizklimmer, der an Spaliere gebunden wird oder malerisch über Mauern und Zäune hängt. Da seine Blüte schon ab Dezember beginnt und sich bis in den März fortsetzt, ist er ein Juwel mitten in der kalten Jahreszeit.

Die Kornelkirsche *(Cornus mas)*, ein Hartriegelgewächs, ist eine faszinierende Zierde für jeden Garten mit etwas Sonne. Lange vor dem Laubaustrieb erfreut der Großstrauch schon ab Februar mit Blüten: filigrane kleine Dolden in Butterblumen-Gelb. Einer der populärsten Frühlingsbotschafter ist die Forsythie, die ab März mit signalgelben Blüten Heiterkeit im Garten verbreitet. Sie eignet sich gut als abschirmende Hecke. Viel zu selten wird ihr Potenzial als strahlender Solitär genutzt.

Ein wahres Wunderwerk der Natur ist die Zaubernuss *(Hamamelis)*. Von Dezember bis März brilliert sie an kahlen Ästen mit spektakulärer Blüte, die je nach Sorte von Schwefel-, Gold- und Primelgelb über Weinrot bis Orange changiert. Es grenzt an Magie, dass die hauchzarten fadenartigen Blüten Schnee und selbst Frösten bis zu - 15 °C trotzen. Von Eis überzogen, glänzen sie als bizarre Kunstwerke. An einen Weg gepflanzt, genießt man im Winter, verstärkt durch mittägliche Sonneneinstrahlung, auch noch den süßen Duft einiger Sorten (z. B. bei der sehr früh blühenden, chromgelben Sorte 'Pallida').

Die extravagante Zaubernuss verdient als einer der wertvollsten Winterblüher überhaupt einen Einzelplatz. Dunkle Hecken als Hintergrund erhöhen die Brillanz der Blüten. Als Strauch entwickelt sie ausladende Trichterform von drei bis fünf Meter Höhe und ebensolcher Breite. Die chinesische Zaubernuss *(H. mollis)*, auch Lichtmess-Zaubernuss genannt, leuchtet ab Januar mit goldgelben Blüten und hat im Gegensatz zur Japanischen längere Blätter.

Raritäten aus Fernost

Ein exotisch anmutendes Kleinod ist die aus China stammende Winterblüte *(Chimonanthus praecox)*. Fast wie Kunstblumen erscheinen die ungewöhnlichen, glockigen, großen Einzelblüten in hellem Gelb. Sie duften stark und zeigen ihre Pracht in milden Wintern schon vor Weihnachten, dann manchmal bis in den März hinein. Der bis zu drei Meter hohe Strauch der Winterblüte sollte einen freien, geschützten Standort mit viel Sonne erhalten. Exotische Aura umgibt auch die Japanische Zierquitte *(Chaenomeles)*. Schon ab März öffnen sich noch vor dem Blattaustrieb zahlreiche leuchtende offene Schalenblüten, die wie kleine Rosen aussehen. Schließlich gehört die Zierquitte zu den Rosengewächsen und hat auch Dornen. Daher ist der bis zu zwei Meter hohe Großstrauch mit seinem sparrigen, in die Breite gehenden Wuchs prädestiniert als Hecke. Da sie auch formalen Heckenschnitt verträgt, kann man so einen attraktiven Blickpunkt und Raumteiler schaffen. Im Herbst liefert sie kleine gelbe, kugelige Früchte, die sich gut zu Gelee verarbeiten lassen. In der Standortfrage anspruchslos, passt das Gehölz vor allem in asiatische Gärten und zu violett und weiß blühenden Blütenpartnern vor grünem Hintergrund.

Windschutz für die Zaubernuss

Die Zaubernuss braucht einen geschützten Platz mit Sonne und humusreichen, tiefgründigen, durchlässigen, etwas sauren Boden. Ihr Jahreszuwachs beträgt durchschnittlich 15 Zentimeter, in den ersten drei Jahren wächst sie sehr langsam. Rückschnitt ist nur in Ausnahmefällen zu empfehlen.

Ein Winter-Wunder: Die fragilen fransigen Blüten der Zaubernuss sind spektakulär und trotzen Eis und Schnee. Bei Minusgraden rollen sich die Blütenblätter zusammen.

Blühende Juwelen: Rhododendren und Azaleen

Man muss kein Rosamunde-Pilcher-Fan sein, aber das Schönste an britischen Filmen sind jene Szenen, in denen sich eine Familie auf ihrem Anwesen zum Tee trifft. Natürlich geborgen hinter einer blühenden Rhododendron-Hecke! Kein Gewächs ist so »very british« und nichts verleiht einem Garten mehr Noblesse als Rhododendron. Dabei stammt die Schönheit eigentlich aus asiatischen Bergwäldern, nur wenige Wildarten wachsen in Europa. Doch seit sie gegen Ende des 18. Jahrhunderts durch Pflanzenjäger nach England gelangte und ab Mitte des 19. Jahrhunderts auch den Kontinent eroberte, wurden Rhododendren zum beliebtesten Klassiker in öffentlichen und privaten Parks und Gärten.

Das Prachtexemplar einer Blüte: 'Brasilia' bezaubert mit leicht gekräuseltem Saum an den Blütenkelchen, mit orange-rosa, ins Gelbliche verlaufender Farbe und kräftig roten Staubfäden.

Die Pflanze schirmt als grünes Bollwerk prachtvolle Villen an der Hamburger Elbchaussee vor neugierigen Blicken ab, macht in Bremen einen ganzen Park zum Juwel und rahmt stattliche Bauernhöfe im niedersächsischen Ammerland. Dort, in Deutschlands größtem Baumschulgebiet, gedeihen Rhododendren übrigens bestens, weil sie durch die Küstennähe hohe Luftfeuchtigkeit genießen. In Parkanlagen der Region kann man die Vielfalt und Schönheit der Exoten bestaunen, z. B. im »Rhododendron-Park Hobbie« und im »Maxwald-Park« (beide in Westerstede) sowie im »Park der Gärten« (in Bad Zwischenahn).

Immergrüne Schönheit mit edlen Blüten

Haushoch wuchern die teilweise über hundert Jahre alten wertvollen Blütengehölze dort, verwoben zu einem geheimnisvollen dichten Wald. Doch auch ohne parkartiges Grundstück lässt sich Rhododendron wirkungsvoll inszenieren. Es ist die Schönheit der kostbar wirkenden Blüten, gepaart mit den vielfältigen Möglichkeiten der Gestaltung, die Rhododendron so beliebt macht.

Inzwischen sind aus den weltweit 1 000 Wildarten geschätzte 30 000 Zuchtsorten entstanden. Je nach Art der Pflanzung ist Rhododendron grandiose Kulisse, abschirmende Hecke, noble Einfassung oder Begrenzung zwischen Gartenräumen, Vermittler zwischen höheren Gehölzen im Hintergrund und Staudenbeeten davor. Als Solitär adelt er in kleinwüchsiger Form einen winzigen Vorgarten oder Innenhof, als meterhoher Strauch strahlt er magischen Zauber auf einer Freifläche aus.

Für rund vier Wochen – meist ab der 2. Maiwoche bis zur 3. Juniwoche, je nach Sorte früher oder später – spendet er einen überwältigenden opulenten Blütenrausch. Wie funkelnde Edelsteine leuchten die Blüten in einer Farbskala, die alle Nuancen zwischen Rot, Lila und Violett, Cremeweiß, Gelb und Weiß umfasst. Viele der glocken- oder trichterförmigen Blüten sind zweifarbig, bezaubern mit dunklerem Schlund- oder Basalfleck oder gesprenkelten Zeichnungen.

Die Yakushimanum-Hybriden sind mit kompaktem, langsamem Wuchs ideal für kleinere Gärten. Hier wird die hauchzarte Sorte ‘Silberwolke’ von Lichtnelken in ähnlichem Farbton gesäumt.

Paarungen von Sorten mit einer Grundfarbe wirken stets elegant. Hier vereinen sich rosafarbene 'Ostara' mit kräftig violetter 'Puerto'. Vergissmeinnicht webt einen blau-grünen Teppich darunter.

Für jede Gartengröße ist etwas dabei

Nach der Abstammung der prägenden Wildart werden Rhododendren in verschiedene Hybridgruppen unterteilt. Großblumige Hybriden haben mittlere bis große Blüten, sie entwickeln Höhen zwischen 1,50 bis fünf Metern und werden meist ebenso breit. Ihre Wuchsform kann sehr unterschiedlich sein: breit aufrecht wie die kräftig lilafarbene 'Catawbiense Grandiflorum' oder breitkugelig wie die purpurrosa 'Roseum Elegans'. Beide sind starkwüchsig. Der intensiv violettrote 'Roland' entwickelt sich breit aufrecht, aber locker, die lilarosa Sorte 'Humboldt' hingegen wächst eher kugelig kompakt. Mittelgroße Arten (*Rh.*-Williamsianum-Hybriden) werden zwischen 0,80 und 1,50 Meter hoch, kleinwüchsige (*Rh.*-Repens-Hybriden) zwischen 40 und 100 Zentimetern. Sie sind sehr langsam wachsend, kompakt und prädestiniert für Vorgärten und kleine Gärten. Die kriechenden oder polsterartigen Zwergformen sind besonders schön für den Steingarten, sie werden zwischen 10 bis 40 Zentimeter hoch.

Generell ist die Frage wichtig: Welche Wirkung will man erzielen? Eine eher kompakt und geschlossen wirkende Hecke ist passend für den formalen Garten. Harmonie schenkt ein Strauch-Pärchen, das Ende oder Beginn eines Weges flankiert. Wählt man Rhododendren mit eher lockerem Wuchs, geben sie einem formalen Garten lässigen Touch. Dann bilden mehrere Rhododendren, als organische Gruppe gepflanzt, einen interessanten Kontrast zur geometrischen Strenge.

Fast tropische Sinnlichkeit strahlen sommergrüne Azaleen mit ihren kräftigen, intensiv leuchtenden Farben aus; die gelbe Sorte gehört zu den Pontischen Azaleen und betört mit süßem Honigduft.

Ob locker oder kompakt: immer eine Augenweide

Eine kompakte Rhodo-Hecke kann wiederum einem naturnahen Landhausgarten den ruhigen Rahmen geben. Malerischer aber wirkt das Gehölz in weniger kompakter Form. Im Park der »Villa Hügel« in Essen windet sich eine violette Schlange als knalliger Farbklecks auf sattgrünem Rasen. Was dort vor über 100 Jahren gepflanzt wurde, perfektioniert heute der Belgier Jacques Wirtz, einer von Europas Garten-Königen, mit seinen beiden ebenso begabten Söhnen: Virtuos werden meterlange hohe Rhodo-Hecken zu fliederfarbenen ineinanderfließenden Tuffs getrimmt - blühende Reliefs auf englischer Rasenfläche von hinreißender Schönheit.

Apropos Vorbild England: In einem größeren Bereich mit hohen Rhododendren, Azaleen und grüner Unterpflanzung bringt ein schmaler geschlängelter Weg aus feinstem weißem Sand das ästhetische Flair der berühmten englischen Waldgärten, der »Woodlands«. Diese Empfehlung gaben einst bereits die Gartenpioniere William Robinson und Gertrude Jekyll.

Ton in Ton gibt Eleganz

Die geschmackssicherste Variante für eine elegante Farbwirkung ist die Beschränkung auf nur eine leuchtende Blütenfarbe. Auch Abstufungen innerhalb einer Farbe, etwa Violett von hell bis dunkel, strahlen Harmonie und Ruhe aus.

Ob längere Hecke als Entree oder lockere Girlande vor einer Gehölzpflanzung: Die Wahl der Farbe ist eine Frage des persönlichen Geschmacks. Werden viele kräftige Farben zusammengemixt, kann die Wirkung verloren gehen, weil alles miteinander verschwimmt. Inzwischen gibt es aber Alternativen in sanften Pastelltönen.

Als mittelhohe Kulisse vor dunkler Eibe, Thuja, Buchs, aber auch Kiefern, Lärchen oder Erlen erreicht eine Rhodo-Szenerie fast das gewünschte englische Park-Bild. Der beeindruckende Habitus eines organisch gewachsenen großen Rhodos vor dem Hintergrund einer geometrischen grünen Hecke bietet einen überwältigenden Anblick.

Rhododendron ist nicht nur wegen der flüchtigen Farborgie so beliebt, sondern weil er immergrün ist und mit den ledrig glänzenden Blättern auch nach dem Blütenrausch ein imposanter wie anmutiger Anblick bleibt. Damit der grüne Busch, vor allem als lange Hecke, nicht eintönig wirkt, sind Unterpflanzungen empfehlenswert. Ist er schon etwas höher, bildet er einen hübschen Baldachin für Frühlingsblüher und schwach zehrende Stauden mit gleichen Bodenansprüchen, z. B. Lavendelheide. Eine Märchenwald-Aura bringen dicke Moospolster und viele Farnarten. Ein aparter immergrüner Bodendecker ist die Scheinbeere *(Gaultheria procumbens)*, mit leuchtend roten Beerenfrüchten und roter Laubfärbung im Herbst.

Entscheidende Frage: der richtige Gartenboden

Rhododendron gehört zu den Heidegewächsen *(Ericaceae)* und hat besondere Ansprüche. Daher gilt er oft als empfindlich, anspruchsvoll und kapriziös. Er braucht einen möglichst lockeren, humosen, durchfeuchteten, aber wasserdurchlässigen und gut durchlüfteten Boden. Leichter sandiger Boden lässt sich aufbessern mit Laub, Nadelstreu, Rinderdung oder Kompost. Schwere Lehm- und Tonböden sind eher ungeeignet, können evtl. mit Sand oder Rindenhumus aufgelockert werden. Der Boden darf nicht kalkhaltig, sondern muss sauer sein und einen pH-Wert zwischen 4,5 und 5,5 besitzen. Wind mag die immergrüne Pflanze auch nicht, Schutz gegen austrocknende Winde ist ganzjährig angebracht. Erfüllt man die Bedürfnisse der Rhododendren nach einem sauren und humusreichen Boden, ist die Kultur gar nicht so kompliziert. Weist man dem begehrten Gehölz noch einen absonnigen Standort zu, am besten im lichten Schatten unter Bäumen, sind alle elementaren Ansprüche erfüllt. Experten empfehlen als idealen Schattenbaum neben der Lärche die Wald-Kiefer *(Pinus sylvestris)*. Sie wirft sanften Schatten mit ihren filigranen Nadeln, die wiederum bei Regen Zerstäubereffekt haben.

Der samtige Blattaustrieb macht Yakushimanum-Sorten schon vor der Blüte zu einem sehenswerten Anblick. Sie sind im Gegensatz zu anderen Rhododendren gut sonnenverträglich.

Der Rhododendron 'Blattgold' besitzt panaschiertes Blattwerk mit sattgelber Maserung und sorgt damit fast für mehr Aufmerksamkeit als mit seinen lila-rosa Blüten.

Pflege mit Naturmateralien
Vor Sonne und rauen Winden wird der Boden um die Pflanze mit einer mulchenden Schicht aus Laub, Stauden- und kleinen Holzabfällen geschützt. Als Dünger sind gut verrotteter Rindermist oder Hornspäne am besten.

Hohe Luftfeuchtigkeit schätzen Rhododendren sehr. Mit ihren tiefen Wurzeln stört die Kiefer die feinen Wurzeln der Immergrünen nicht. Volle Mittagssonne vertragen Rhododendren meist nicht. Es gilt die Faustregel: Je größer die Blätter sind, desto mehr Schatten braucht die Sorte, je kleiner, desto besser verträgt das Laub Sonne.

Für Gärten mit wenig Schatten sind die sonnenverträglicheren Yakushimanum-Hybriden empfehlenswert. Diese relativ neue Gruppe besitzt gute Winterhärte, langsamen Wuchs in kompakter Form und erfreut gleichzeitig mit reicher Blüte. Sie vertragen sonnige bis absonnige Plätze und erobern vor allem kleinere Flächen.

Wer wirklich kalkhaltigen Boden besitzt, muss nicht resignieren. Die sogenannten **Inkarho**®-Rhododendren sind neue kalktolerante Züchtungen, die damit gut zurechtkommen.

Klein aber fein: die zarteren farbenfrohen Azaleen

Sommergrüne Rhododendren werfen ihr Laub im Herbst ab und sind besser bekannt als **Azaleen**. Die ersten entstanden durch Züchtung ab 1830 als Genter Azaleen. Für Boden und Standort gelten die gleichen Bedingungen. Allerdings werden Azaleen nicht so hoch und passen mit ihrem etwas grazileren Habitus und meist kleineren Blättern perfekt in asiatische Gärten.

Etliche Sorten betören mit intensivem Duft. Eine der schönsten ist die Pontische Azalee *(Rh. luteum)*, sie vereint große dottergelbe Blüten mit intensivem süßem Honig-Odeur. Die prachtvollste Azalee in Weiß heißt - kein Witz - 'Persil'. Sie leuchtet strahlend mit gelbem Fleck und besticht durch aufrechten Wuchs bis zu 1,80 Meter Höhe.

Und wie so oft in der Natur gibt es auch Ausnahmen: Unter den Japanischen Azaleen sind etliche wintergrün. Sie bezaubern durch großblumige Formen, etwa 'Schneeglanz' in Reinweiß.

Das kraftvolle Feuerwerk der Farben dieser Rhododendren und Azaleen wird hier von einem Hartriegel überragt, der sich ebenfalls gerade mit weißen Blüten schmückt.

Jenseits von Eiche und Buche: ausgefallene Gehölze

Einst tummelten sich in unseren Gärten als Laubbäume die typischen deutschen Lieblinge: Linde, Eiche, Ulme, Kastanie. Alles herrliche Gehölze, die wir aus guten Gründen schätzten, aber die wunderbare Vielfalt der Bäume spiegelt sich darin kaum wider. Dabei gibt es neben diesen Klassikern so unendlich viele reizvolle Arten – darunter auch zahlreiche, die sich für die heutigen kleinen bis mittelgroßen Grundstücke hervorragend eignen.

Bäume sind etwas Besonderes – und es gibt besondere Bäume! Seien Sie mutig, orientieren Sie sich nicht nur an dem, was in Nachbars Garten wächst. Setzen Sie in Ihrem Reich ein grünes Statement, mit dem Sie Ihre Individualität beweisen. Immerhin gibt es Gartenbesitzer, die sammeln Bäume. Eine Sammlung ausgefallener Gehölze im großen Stil nennt man Arboretum. Zahlreiche Baum-Raritäten, richtig platziert, können zusammen eine interessante Einheit ergeben. Fangen Sie mit einem an!

Grundsätzlich sollten ausgefallene Gehölze zu Stil und Größe des Gartens passen, auch zum Stil des Hauses, das eng mit dem Garten verbunden ist. Klima- und Boden-

Ein Hingucker während der dreiwöchigen Blütezeit des Taschentuch-Baumes (links) sind die silbrigweißen Hüllblätter.
Der Kuchenbaum (oben) bezaubert mit herzfömigem Blattwerk in zartem Lindgrün.

Mit seiner goldgelben spektakulären Herbstfärbung ist der Ginkgo prädestiniert als Hintergrund eines Beetes und schöner Aufheller für den Gehölzrand.

ansprüche sollten ebenso vorher bedacht werden wie die Wüchsigkeit. Schließlich soll sich der Baum auch Jahre später noch harmonisch einfügen. Am besten informieren Sie sich vorher am lebenden Objekt. Besuchen Sie einen der öffentlichen Parks mit reichem Baumbestand, einen botanischen Garten oder eine gute Baumschule. Sie werden sich garantiert in mindestens einen ungewöhnlichen Baum verlieben!

Die nachfolgende Auswahl an botanischen Persönlichkeiten besticht entweder durch besonders malerischen Habitus, ungewöhnliches Blattwerk, ausgefallene Rinde oder Blüte. Im Idealfall treffen mehrere oder alle dieser Eigenschaften bei einem Baum zusammen.

Botanische Kleinode von erlesener Schönheit

Der Tauben- oder Taschentuchbaum *(Davidia involucrata)* ist ein Exot aus Westchina. Zwischen acht bis 15 Meter Höhe erreicht der Langsamwüchsige, das Laub ist lindenähnlich. Im Mai/Juni legt er sich ein spektakuläres Kleid an: Kleine violette Blütenköpfchen sind umhüllt von zwei unterschiedlich langen cremefarbenen Blättern. In voller Blüte scheint der Baum wie mit weißen Tüchlein behangen zu sein, ein faszinierender Anblick. Deshalb sollte er möglichst einen Platz als Solitär bekommen. Auch nach der auffälligen Blüte bleibt der Baum mit seiner runden Krone eine schöne Erscheinung. Er schätzt halbschattige, geschützte Lagen sowie nahrhafte, schwachsaure bis alkalische Böden. Im Alter ist er ausreichend frosthart. Aber er fordert Gärtners Geduld: Blüten erscheinen meist erst nach zehn Jahren, bei verpflanzten Exemplaren auch früher.

Eine originelle botanische Rarität ist auch der Katsurabaum *(Cercidiphyllum japonicum)*. Der aus Japan stammende, oft mehrstämmig wachsende Baum bezaubert mit malerischer schirmförmiger Krone. Er wird bis zu zehn Meter hoch und wächst ca. 30 Zentimeter pro Jahr. Die fast herzförmigen Blätter kontrastieren mit roten Blattstielen! Auch im frühen Austrieb leuchten sie rot, dann frischgrün. Im Herbst wird der Baum zur goldgelben oder scharlachroten Fackel. Auf sauren Böden fällt die Herbstfärbung noch intensiver aus. Kenner zählen ihn zu den zehn schönsten Herbstfärbern. Deswegen sollte er einen angemessenen Einzelplatz bekommen, wo sein Leuchten weithin sichtbar ist. Weil sein Laub angenehm nach Zimt und Karamell duftet, heißt das Gehölz auch Kuchenbaum.

Besitzer kleinerer Gärten können ihr Reich mit dem Schneeglöckchenbaum *(Halesia carolina)* verschönern, einem echten Geheimtipp. Dieses Gehölz wird noch viel zu selten in unseren Gärten gesehen. Dabei vereint das bis zu acht Meter hohe Kleinod eine malerisch ausladende Krone mit einer sehr attraktiven und reichen Blüte. Fragile glockenförmige Einzelblüten wippen in Büscheln an langen Stielen. Sie erscheinen vor oder mit den zarten Blattaustrieben. Zur Blütezeit im April/Mai wirkt dieser Baum wie mit einem weißen Brautschleier bekränzt, ein herrlicher Solitär auf grünem Rasen und am Gehölzrand.

Er kommt exzellent zur Geltung vor immergrünen Hecken und dunklen Nadelgehölzen, gibt Bereichen mit gleichzeitig blühenden Rhododendren und Azaleen eine beschwingte Atmosphäre und ist ebenbürtiger Nachbar für Schneeball und Hartriegel. Er liebt sonnige bis halbschattige Plätze und humosen, gleichbleibend feuchten Boden.

Goethes Liebling

Der Ginkgo *(Ginkgo biloba)* bekam sicher durch den Dichterfürsten Goethe die beste Propaganda. Der widmete dem zweigeteilten Blatt des Fächerblattbaums, so der deutsche Name, 1815 ein Gedicht, das später im »West-Östlichen Divan« veröffentlicht wurde. Goethe war zu Recht fasziniert, denn der Ginkgo ist in jeder Beziehung eine Ausnahme: Im Grunde ist er ein »lebendiges Fossil«, 250 Millionen Jahre alt. Einst war er auch in Mitteleuropa verbreitet, wurde aber durch die Eiszeiten nach China verdrängt. Botanisch ordnen ihn Experten weder Laub- noch Nadelbäumen zu, sondern bezeichnen ihn als »Eremiten«. Extraordinär ist das fächerförmige gelappte Blatt, dessen Herbstfärbung – ein leuchtendes Goldgelb – ohnegleichen ist. Sie macht ihn zum Blickfang.

Die Krone wächst zunächst kegelförmig, wird im Alter breiter und weiter verzweigt. Es gibt jedoch auch säulen-

Ginkgo braucht Mäuseschutz

Die Wurzeln des Ginkgos sowie die Rinde im Basisbereich werden gerne von Mäusen angefressen. Dies kann zum Totalverlust führen. Vorsicht beim Abdecken der Baumscheibe mit einer Mulchschicht, Mäuse sind auch im Winter aktiv.

Die Blütezeit des Schneeglöckchenbaumes im April/Mai ist ein Ereignis, das man aus der Nähe bewundern muss.

Eine Rarität ist Ginkgo 'Tubifolia' mit Trichter bildenden Blattpaaren. Vier Meter Endhöhe prädestinieren ihn für kleine Gärten.

Die mehrlappigen Blätter der Baumaralie sitzen an langen Stielen und färben sich schon früh in sattes Goldgelb.

artige Varianten. In jedem Fall ist der Baum ein großes Schmuckstück und ein wundervoller Solitär für größere Gärten. Denn auch wenn er in den ersten 20 Jahren sehr langsam wächst, wird er schließlich bis zu 30 Meter hoch. Das außergewöhnliche Urzeitrelikt ist äußert robust, windfest und tolerant gegenüber fast jedem Standort, nur sonnig muss er sein.

Die rotbraune Rinde des Zimt-Ahorns leuchtet mit Signal-Wirkung durch jedes grüne Laub. Sie häutet sich in feinen Streifen und bietet gerade im Winter prachtvollen Anblick.

Für Liebhaber des Besonderen und Seltenen

Die Baumaralie *(Kalopanax septemlobus)* ist ein kleiner bis mittelgroßer Baum (maximal zehn Meter hoch), der mit sehr ungewöhnlicher Blattform für Aufsehen sorgt. Die großen Blätter sind fünf- bis siebenlappig und wirken wie breite gespreizte Hände. Im Sommer tragen sie sattes Grün und verbreiten eine märchenhaft exotische Aura, die sich durch leuchtendes Gelb im Herbst noch intensiviert. Die Äste sind aufrecht und kaum verzweigt. Das Gehölz harmoniert gut mit Gärten im asiatischen Stil oder avanciert als Solitär zur Attraktion im größeren Vorgarten. Die gelbgrünen Doldenblüten im August sind eine begehrte Bienenweide. In seiner Jugend ist der Baum noch etwas frostempfindlich, später hält er auch in rauen Lagen aus.

Liebhaber ausgefallener Farben wie Blüten werden mit dem Blauglockenbaum *(Paulownia tomentosa)* glücklich. Das nach einer Zarentochter namens Anna Pawlowna benannte Gehölz aus China ist von erlesener Extravaganz. Bis zu 15 Meter hoch und mit breiter, lockerer Krone, bezaubert es im April/Mai vor dem Blattaustrieb mit bis zu 30 Zentimeter langen Rispen in verführerischem Violettblau. Damit ist er in unserer Klimazone der einzige blau blühende Baum überhaupt! Sieht aus wie eine Diva, ist aber anspruchslos, in der Jugend etwas frostempfindlich, später aber und an einem sonnigen, geschützten Standort ausreichend hart. Ein außerordentlicher Blütentraum, der einen Logenplatz verdient und viel öfter gepflanzt werden sollte.

Rinden-Faszination

Manche Gehölze sind Schönheiten auf den zweiten Blick. Sie fallen auf durch außergewöhnliche Rindenfärbung. Bestes Beispiel ist die Birke. Die meisten kennen nur die Variante mit der weißen Rinde, aber es gibt unter den 60 Arten viele ungewöhnliche Färbungen, von rotbraun, graubraun, dunkelgrau bis fast schwarz. Besonders ungewöhnlich ist die Gerippte Birke *(Betula costata)*. Deren hell-grau-gelb changierende Borke schimmert zwischen jedem Grün hervor. Sie rollt sich in dünnen Fahnen ab, der Stamm wirkt wie eine künstlerische Collage.

Geradezu exotisch leuchtet die Rinde des Zimt-Ahorns *(Acer griseum)*, selbst für Connaisseure eine Attraktion. Als sehr langsam wachsender (in 40 Jahren sechs bis sieben Meter Höhe) Großstrauch/Kleinbaum eignet sich dieser ungewöhnliche Ahorn auch als Attraktion für kleinere Gärten. Er ist einer der faszinierendsten Rindenfärber: Die Rinde rollt sich partiell papierartig ab und ist mit zimt-rotbrauner Kolorierung vor allem im Winter eine weithin sichtbare Schönheit, wenn sich der Stamm vom Schnee abhebt.

Dagegen erschließt sich das Besondere an der Rinde des Streifen-Ahorns *(A. pensylvanicum)* erst aus der Nähe. Auf dunkelbraun-grauem Untergrund laufen unregelmäßig zarte hellgrüne und weiße Längsstreifen. Die aparten dreilappigen Blätter ergeben besonders in ihrer goldgelben Herbstfärbung einen reizvollen Kontrast zur Rinde. Dieser hinreißend schöne Solitär mit rund zehn Meter Höhe ergibt einen Hingucker vor allem in formalen und asiatischen Gärten.

Der Streifen-Ahorn sollte nicht zu weit vom Haus entfernt stehen, damit seine ungewöhnliche Rinde bewundert werden kann: die Maserung weißer Längsstreifen auf hellem Grün und Braun.

Schon von Weitem schimmert dagegen die hellgrau-gelbe Rinde der gerippten Birke durchs Gehölz. Sie löst sich in dünnen Fragmenten unregelmäßig ab.

Nadelgehölze als immergrüne Augenweide

Durch kunstvollen Formschnitt werden Kiefern wie diese *Pinus contorta* zu starken Solitärpflanzen von ungeheurer Präsenz. Bis diese Perfektion erreicht ist, braucht es jedoch Geduld.

Nadelgehölze (Koniferen) waren lange Zeit die Lieblinge in unseren Gärten, allen voran die Tanne, der Inbegriff des deutschen Nadelbaumes. Das führte dazu, dass etliche Gärten zu düster-schwermütigen Mini-Wäldern mutierten, weil man verdrängt hatte, dass diese Bäume gewaltig wachsen. Dann machte die Mode eine Kehrtwende, Nadelbäume galten als spießig – und nun erleben sie ein neues Comeback. Zu Recht, denn passend platziert bereichern diese wintergrünen Gäste den Garten ungemein. Da es gerade bei den Nadelgehölzen viele Kleinbäume und zwergwüchsige Varianten gibt, sind sie auch für den kleineren Garten eine ganzjährige Zierde.

Wichtig ist die harmonische Einbeziehung der Koniferen in das übrige Gefüge des Gartens. Sonst wirkt die anmutigste Kiefer wie ein Fremdkörper, der beziehungslos im Garten herumsteht. Grundsätzlich passen die immergrünen Nadelbäume (nur die Lärche wirft im Winter ihre Nadeln ab) zu jedem Gartenstil, sofern Klima- und Bodenverhältnisse stimmen. Für Japan-Gärten sind Nadelgehölze geradezu prädestiniert.

Ideal als Blickfang nicht nur in kleinen Gärten

Für kleine Gärten und Vorgärten reicht schon ein einziges prachtvolles Exemplar als Blickpunkt. Die gewöhnliche Wald-Kiefer *(Pinus sylvestris)* ist z. B. für den normalen Garten entschieden zu groß. Die umfangreichste Gattung unter den Nadelgehölzen (100 Arten) bietet jedoch wunderschön geformte kleinwüchsige Alternativen. Mit ihrer lichtdurchlässigen Krone sind die anspruchslosen Kiefern ideale Partner für Heidekrautgewächse wie Azaleen und Rhododendron, aber auch transparenter Schattenspender am Rand von Staudenbeeten.

Die Berg-Kiefer *(Pinus mugo)* entwickelt sich je nach Sorte als kissenförmige Zwergform oder Großstrauch. Sie ist ein dekorativer Universalist, überzeugt als Solitär oder in Gruppenpflanzungen, als Einfassung oder Hecke, passt in Stein- und Heidegärten. Der eigenwilligen Schönheit sollte man einen Extraplatz gewähren. Der kleine bis mittelgroße Baum bezaubert mit bizarr ausgebreiteten Ästen und ungewöhnlich gedrehten Nadeln. Experte Hans-Dieter Warda vom Arboretum Ellerhoop (Schleswig-Holstein) empfiehlt ihn als robusten und frostharten Bestseller im Küstenbereich.

Noch viel zu wenig geschätzt wird die bizarre malerische Wirkung des Wacholders. Das Zypressengewächs über-

Wacholder will volle Sonne

Alle 60 Arten der Wacholdergewächse sind Sonnenanbeter, sie sollten nicht unter großen Bäumen mit starkem Schattenwurf angepflanzt werden. Dort kümmern sie vor sich hin. Von etlichen Arten sind sämtliche Pflanzenteile giftig! Unbedingt vorher in der Baumschule informieren.

Die Fadenzypresse *(Chamaecyparis pisifera)* ist ein sehr dicht und langsam wachsendes Gehölz. Es erzielt seine auffallende dekorative Wirkung durch die Form und die gelbe Färbung.

Gegensätzliche Formen bilden reizvolle Anblicke: aufrechter Säulen-Wacholder und der bodendeckende Wacholder 'Green Carpet' hier auf Stamm veredelt.

Die Zapfenfichte *(Picea abies* 'Acrocona') ist ein Großstrauch, der als auffallende Zierde hübsche rötliche Blüten in Zapfenform hat. Ein dekoratives Liebhabergehölz.

rascht mit vielfältigen Formen, die vom polsterförmigen Kleinstrauch über ausladende Bäume mit kraftvoller Krone bis hin zu schlanken Säulen reichen.

Klassisch sind Kombinationen mit Kiefern und Heidekrautgewächsen im Heidegarten. Mit Big-Bonsai-Schnitt veredelt Wacholder den Asia-Garten. Dem Esprit in Beeten mit Rosen, Gräsern und Stauden gibt er als säulenförmiger Großstrauch eine würdevolle Note.

Tannen müssen nicht immer riesig sein. Die Korea-Tanne *(Abies koreana)*, zierliche asiatische Schönheit und maximal fünf Meter hoch, verblüfft mit fingerlangem, aufrecht ragendem Zapfenschmuck in Purpurviolett. Sie ist ein kostbarer Solitär im Stein-, Gehölz-, Stauden-, Heide- und Asia-Garten.

Grüne Skulpturen für fast jeden Gartenstil

Mehr Platz braucht die schlanke Pyramide der Japanischen Sicheltanne *(Cryptomeria japonica)*, bei 15 Meter Höhe wird sie im unteren Bereich etwa fünf Meter breit. Das hoheitsvolle Sumpfzypressengewächs setzt auf großen Flächen einen attraktiven Akzent. Die Schirmtanne *(Sciadopitys verticillata)*, ein kleiner bis mittelhoher Baum mit kegelförmiger schöner Silhouette, fällt durch seine langen Nadeln in ausgebreiteten Quirlen auf, die wie Schirmspeichen angeordnet sind. Das originelle Gehölz bevorzugt eher absonnige, geschützte Standorte, ist ein stimmiges Motiv in Japan-Gärten und Innenhöfen, harmoniert mit Rhododendron-Pflanzungen, Bambus, Wildstauden und Gräsern.

Eine Königin in großen Parkanlagen ist die Blaue Atlas-Zeder (*Cedrus atlantica* 'Glauca'). Für Romantiker ist die Hängeform 'Glauca Pendula' eine höchst malerische Alternative. Die bogenförmig überhängenden Äste mit blaugrau schimmernden kurzen Nadeln formen einen bizarren Baldachin, eine prachtvolle grüne Laube, die Schatten für einen Sitzplatz spendet. Der spektakuläre Einzelbaum ist Blickpunkt auf Rasenflächen, Mittelpunkt in größeren Heide- und Japangärten sowie in Rhododendron-Pflanzungen. An einem Teichrand fügen sich Baum und Wasserfläche zur verträumten Idylle, ganz wie ein impressionistisches Gemälde von Claude Monet.

Mit ihren mähnenartig herabhängenden Zweigen bringt die Hängeform der Blauen Atlas-Zeder Romantik in den Garten – ein malerischer Blickpunkt für das ganze Jahr.

Die Faszination des formalen Gartens nach barockem Vorbild ist gerade heute wieder sehr gefragt. Die ruhige Sinfonie in Grün bekommt Reiz durch kunstvoll geschnittene geometrische Formen.

Kunstvoll geformtes Grün verleiht Profil und veredelt jeden Garten

Sie sind die Attraktion in jedem Garten: zu Kugeln, Kegeln, Pyramiden und Fantasiefiguren getrimmte Gehölze aus Buchs, Eibe, Thuja oder anderen, möglichst immergrünen Gehölzen. Es ist die kunstvollste Variante, Natur zu zähmen – und eine der ältesten. Formschnitt gibt es in Europa seit über 2000 Jahren, schon die Römer schätzten die »ars topiaria« genannte Kunst. Seitdem sind in Form geschnittene Pflanzen ein unverzichtbares Element in der Geschichte der Gartenkunst.

Man findet sie in den Anlagen der italienischen Renaissanceära und der Barockzeit, in der die Formschnittkunst im Park von Versailles ihren Höhepunkt erreichte. Bekannt sind auch die skurrilen Skulpturen in England, wo die Kunst des »Topiary« (der englische Begriff hat sich eingebürgert für Formschnitt) von exzentrischen Landlords gepflegt wurde. Berühmtestes Beispiel sind die legendären Eiben-Figuren in »Levens Hall« (Cumbria, Nord-England): Pfauen, Riesenschirme, Löwen – ein berückendes bizarres Märchenreich.

Die immergrünen Skulpturen gehen eine Symbiose ein mit dem Umfeld, in dem sie stehen: dem architektonischen oder formalen Garten. Die Briten, aber auch Holländer und Belgier haben diesen Gartenstil perfektioniert und die uralte Formschnitt-Tradition nahtlos und originell ins 21. Jahrhundert transportiert. Der Gartendesigner Tom Stuart-Smith gewann 2008 eine Goldmedaille auf der Londoner »Chelsea Flower Show« für seine als extravagante Wolken-Bäume getrimmten Hainbuchen, angelehnt an die japanische Niwaki-Schnittkunst – wahre Kunstwerke eines grünen Figaro.

Immer mehr Gartenbesitzer verlieren die Angst vor dem Griff zur Schere und finden Spaß am Schnippeln. Denn die noble Eleganz und ruhige Harmonie eines formalen Gartens ist unübertroffen (auch wenn Anhängern des naturnahen Gartens Formschnitt zu künstlich ist). Die wichtigsten Elemente für einen gelungenen Formschnitt-Garten sind: ein geometrisches Grundraster, Gehölze, die sich konturieren lassen – immergrüne und auch Laub abwerfende –, gute Scheren, Grundkenntnisse im fachgerechten Trimmen und viel Fantasie! Tipps gibt es in Büchern über englische Gärten.

Zu diesem Gartenstil gehört ein Passepartout aus geometrisch geschnittenen Hecken, die den Garten rahmen. Sie konturieren ihn als grünes Grundgerüst unnachahmlich vornehm und strukturieren ihn viel sanfter als feste Mauern. Formschnitt-Hecken geben einer Fläche Proportion und Perspektive, bilden Achsen und Sichtbezüge innerhalb des Gartens und zur angrenzenden Landschaft.

Das feine Stutzen mit der Schere adelt Hecken, ob niedrig oder hoch, zum architektonisch reizvollen Element. Ihre klare Geometrie gibt dem Garten eine kostbare Note, macht ihn »angezogen«. Diese grünen lebenden Mauern schirmen den Garten ab, unterteilen oder trennen ihn. Mannshoch wirken sie als Blick- und Windschutz, niedriger dienen sie der Unterteilung in »grüne Zimmer« oder der Einfassung bestimmter Bereiche und Beete. Sie bilden die ruhigen Kulissen, vor denen sich die üppige Farbenpracht der Stauden brillant entfalten kann. Farben wie Weiß, Gelb, helles Blau werden durch dunkelgrünen Hintergrund erst richtig zum Leuchten gebracht.

Vielseitig formbar: Eibe, Buchsbaum & Co.

Ideal für Formschnitt sind die immergrünen Klassiker Eibe und Buchs, keine anderen Gehölze sind so gut für grüne Architektur-Elemente geeignet. Die kostbare (und auch teure) Eibe wird seit Jahrhunderten als grüne Kulisse für große Hecken und ausgefallene Formschnitte geschätzt. Es ist das Gehölz Nummer eins, wenn es um formale immergrüne Bepflanzung geht. Die Eibe besticht mit edlem Habitus und vornehm dunklem Grün (manche Sorten haben goldgelben Austrieb). Eiben können über 1000 Jahre alt werden, sind also eine Investition für Generationen.

Bestseller für Formschnitt jeglicher Art bleibt das Multitalent Buchs: Es eignet sich für Beeteinfassungen, für Kugeln, Kegel & Co. und vor allem für extravagante Fantasie-Figuren. Allerdings wächst Buchs sehr langsam. In Fasson gebracht, adelt er jeden Garten. Ein Potpourri diverser Buchsformen in Kübeln verwandelt noch den kleinsten Vorgarten in ein elegantes Entree. Mit Pompons aus Buchs

Mit geschnittenen Hecken (hier: *Taxus*) lassen sich grüne Räume im Garten bilden und die dürfen ruhig originell, witzig und überraschend sein. Im Winter ist das Skelett der Hecke und der Einfassungen ein grafisches Element.

lassen sich Bereiche unter Bäumen und Sträuchern originell unterpflanzen. Ungeduldige Gärtner, die schnelle Effekte wollen, stellen Buchs-Figuren in Kübeln in ihren Garten.

Es gibt aber auch andere Gehölze, die sich formal manipulieren lassen. Thuja, besser bekannt als Lebensbaum, ist preiswert, schnellwüchsig und besticht durch frisches Grün. Bislang unterschätzt wird die Schönheit von

Eiben – ideal für Formschnitt

Eiben *(Taxus baccata)* wachsen langsam, dafür sehr dicht, sind extrem langlebig und sehr schnittverträglich. Sie ertragen Schatten gut und bezaubern im Herbst mit leuchtend roten Beeren (nur die weiblichen Pflanzen). Doch Vorsicht: Nadeln und Samen sind hochgiftig!

Wacholder, der hochwüchsig, blickdicht, formschnittfähig und robust ist. Oder Ilex mit seinen glänzend grün polierten Blättern, der eine dichte Dornröschen-Hecke bildet mit rot blitzenden Beeren. Als Immergrüne bieten sie alle selbst im Winter noch Blickschutz und Augenweide zugleich. Das gilt beinahe auch für die Hainbuche, deren bronzebraune Blätter fast den ganzen Winter über hängen bleiben, bis der grüne Austrieb beginnt. Noch spektakulärer sind Rotbuchen-Hecken, die ebenfalls bis zum Frühjahr ihr leuchtend kupferrotes Laub behalten.

Neben Buchs, Eibe und Thuja eignen sich unzählige andere Pflanzen für die geschickte grüne Kunst mit der Schere: Zum Beispiel Lavendel und Rosmarin, Kugel-Liguster *(Ligustrum delavayanum*, nicht frosthart, im Freiland besser im Kübel halten), Berberitze, Heiligenkraut *(Santolina)* und Lorbeerkirsche lassen sich gut zu geometrischen Einfassungen und Hecken formen.

Auch zahlreiche Laubgehölze lassen sich in kunstvolle Form trimmen, allen voran die Hainbuche, die gerade in Big-Bonsai-Form gezogen Furore macht, aber auch zu Kugeln, Kegel oder in Kastenform geschnitten wird (beliebte Form in französischen Parks). Rotbuche, Platane, Esche und Obstbäume gehören dazu, beliebt ist auch die Linde. Sie wird häufig in Dach-, Kasten-, Kandelaber-Form oder sehr grazil als Spalier über mehrere Etagen gezogen.

Geometrische Formen sorgen für klare Struktur

Die strenge Geometrie eines formalen Gartens wird aufgelockert durch Gehölze, die zu Kugeln, Kegeln oder Säulen geformt sind. Innerhalb der klar gegliederten Einfassungen kann sich dann die Opulenz von Staudenrabatten und Solitärpflanzen umso üppiger entfalten. Besonders Stauden und Pflanzen mit organischen Formen, etwa kugeligen oder tellerförmigen Blütenständen (z. B. Zier-Lauch, Schafgarbe, Hortensie, Wasserdost, Pfingstrose) oder vertikaler Struktur (z. B. Rittersporn, Fingerhut, Königskerze, Stockrose, Lupine), bilden einen spannenden Kontrast zum Formschnitt. Man denke nur an die »grünen Zimmer« im legendären englischen Sissinghurst (Kent). Dort umschließen ehrwürdige Eibenhecken verschiedene intime »Garten-Räume«, die unterschiedlichen Themen gewidmet sind (weißer Garten, Cottage-Garten). Der anmutige Reiz entsteht im Wechselspiel von strengen hohen Hecken und halbhohen oder niedrigen Buchsrastern. Darin entfaltet sich wogende opulente Blütenfülle, ein sinnlicher Dialog von Ruhe und Dynamik.

Lange Hecken oder quadratische Einfassungen werden aufgelockert durch Hochstamm-Kugeln, Kegel, Pyramiden, Spiralen, Spindel, Quader, Etageren oder andere Form-Figuren, die einen vertikalen Akzent setzen. Höchst erlesen sind Zwei- oder Dreifach-Hecken, die in unterschiedlichen Höhen hintereinander gestaffelt gepflanzt sind. Bestehen sie aus verschiedenen Gehölzen, Strukturen, Farbnuancen, ergeben sie einen dreidimensionalen Paravent mit Tiefenwirkung. Auch Hecken-Elemente, in bestimmen Abständen hintereinander gestaffelt, erzeugen Tiefe und theatralische Wirkung. Ausgeschnittene Bögen, Durchgänge oder Fenster machen die Hecken dann im wahrsten Sinne zu Kulissen und den Garten zur Bühne.

Gerade in kleinen Gärten sind Hecken und Einfassungen in unterschiedlichen Höhen ein probates Mittel, um Per-

Ein grünes Wunderwerk ist der in Wolkenform geschnittene Ahorn, die Japaner nennen diese Kunst »Niwaki«. So wird barocker Formschnitt gewagt ins 21. Jahrhundert übertragen.

Grün und Weiß geben einem Garten Noblesse. Die niedrige Eibenfassung und der grüne Hintergrund stellen die Hortensien-Bälle wie in einen Rahmen, streng und anmutig zugleich.

spektive und Tiefe zu geben. In größeren Gärten betonen Hecken und höhere Formschnitt-Elemente Sichtachsen, unterstreichen die Proportionen einer Fläche. Parallel verlaufende Hecken bilden Achsen, lenken den Blick auf einen malerischen Torbogen, eine Skulptur, einen Durchblick zum Haus oder einen malerischen Solitär-Baum.

Müssen Hecken immer geometrisch-kantig sein? Nein, man kann sie auch sanft runden. Und sie müssen ebenso wenig kerzengerade verlaufen. In avantgardistischen Gärten bilden sie sanft geschwungene Kurven oder mäandern durch eine Rasenfläche. Begnadeter Heckenkünstler ist der Belgier Jacques Wirtz, einer von Europas berühmtesten Gartengestaltern. Er geht als »Bildhauer« an die Hecke heran, er bearbeitet sie wie einen Steinblock, nur mit Schere statt Meißel. Faszinierend sind seine wolkenförmig ineinander verwachsenen Wege-Einfassungen aus Buchs. Sein Landsmann Daniel Ost lässt niedrige Buchshecken wie Wellen aus dem Rasen wachsen.

Wichtiges Grundprinzip in einem Areal mit Formschnitt-Gehölzen ist Symmetrie. Sie bewirkt die Balance zwischen harmonischer Ruhe und subtiler Spannung, die diesen Gartenstil prägt. Paare, Quartette, Sextette setzen ausgeglichene Blickpunkte. Pflanzt man ins Zentrum zweier quadratischer, von Buchs umsäumter Beete je ein Hochstammbäumchen mit Kugelkrone, etwa aus Lorbeer, oder eine Eiben-Pyramide, ist der Effekt perfekt. Die paarweise Anordnung von Kugeln, Kegeln etc. gibt einem Raum Rhythmus und vermeidet Langeweile. Ein ausgefallenes Formschnitt-Paar, auch ruhig mal im Kübel, kann stimmungsvoll eine Bank oder einen Sitzplatz rahmen, aber auch einen Durchgang akzentuieren oder den Beginn eines Weges markieren. Unterschiedliche Formschnitt-gewächse, die beidseitig einen langen Weg einfassen, bringen Lässigkeit in sonst sehr formale Ordnung.

Origineller als die typischen Geometrie-Formschnitte sind amorphe, organische Formen sowie Fantasie- und Tierfiguren. Sie geben der minimalistischen Strenge eine heitere Note. Im englischen »Great Dixter« amüsieren riesige »Peacocks« (Pfauen), und am Eingang salutieren zwei gigantische »Teapots« (Teekannen). Für exakten Formschnitt bedarf es des gekonnten Einsatzes der (Hecken-)Schere oder man überlässt dieses Kunst-Handwerk einem professionellen Gärtner. Doch die Kunst wird in vielen Büchern vermittelt. Praxisnäher kann man sie in Kursen erlernen. Gute Gartencenter, Staudengärtnereien und Baumschulen bieten sie an.

Der richtige Schnitt

Die Glaubensfrage beim Formschnitt lautet: manuell oder maschinell? Lange große Hecken sind nur mit maschinellen Schneidegeräten zu bewältigen, das Angebot dafür ist groß und professionell. Auch flächiger Buchs lässt sich so »frisieren«, feine Formen arbeitet man dagegen besser mit der Hand heraus. Doch ob Maschine oder Manufaktur, Buchs sollte ein- bis zweimal pro Jahr gestutzt werden.

Wenn alles andere verblüht ist, offenbart sich im Winter die wahre Attraktivität des Formschnitt-Gartens. Er verwandelt sich in eine Grafik, ein Gitternetzwerk, das den Garten durchzieht. Legen sich dann noch sanft Raureif oder Schnee auf diese Formen, ergibt sich ein prachtvoller Anblick im sonst eher tristen Winter-Garten.

Buchs richtig schneiden

Der Buchs-Schnitt sollte im Frühjahr (April) oder Ende Juni (nach Johanni) möglichst bei trübem Himmel erfolgen. Bei Sonnenschein verbrennen die Schnittstellen. Bei zu spätem und zu scharfem Rückschnitt reift der neue Austrieb nicht genügend aus, und dies birgt die Gefahr von Winterschäden.

Verschiedene geometrisch geschnittene Hecken aus Taxus und Hainbuche staffeln sich zur imposanten grünen Kulisse. Dynamischen Kontrast bietet das Sommerbeet aus Stauden und Gräsern.

Rosen, Rosen, Rosen – unübertroffene Königinnen

Kein Garten ohne Rosen! Auch wenn sie uns manchmal nur einen flüchtigen Blütenrausch bescheren, machen sie den Zauber eines Gartens aus und sind der Inbegriff des Sommers. Die verschwenderische Opulenz der Sträucher, die magische Schönheit der Blüten, faszinierende Farben und berauschende Düfte - all das erhebt die Rose, Klischee hin oder her, tatsächlich zur Königin. Ob man sie üppig über Laube oder Pergola wuchern lässt, mit Klettergerüsten dekorativ in Szene setzt, als Bodendecker pflanzt oder ein ganzes Beet damit schmückt, bleibt dem persönlichen Geschmack überlassen. Schon ein mit Kletterrosen überrankter Torbogen bringt romantisches Flair, ein einziger Rosenstrauch mit schönen Blüten lenkt im Garten alle Blicke auf sich.

Hier lässt es sich unter einem Baldachin aus Kletterrosen wandeln (links). Die bezaubernde Beetrosen-Sorte 'Home & Garden' (oben) besticht mit nostalgischen Blüten.

Vielfalt pur – in Wuchs, Duft und Farbe

Mit der großen Vielfalt an Wuchsformen - kompakt aufrecht oder weich wogend, Kleinstrauch, Beetrose, hohe Strauchrose, Kletter- oder Rambler-Rose - passen Rosen zu jedem Gartenstil, außer zum Asia-Garten. Als üppige Grundausstattung gehören sie in den Cottage- und Bauerngarten, wo alte und historische Sorten sowie David-Austin-Rosen, mit Duft, gefüllten Blüten und nostalgischem Charme, seit Jahren große Karriere machen. Je ungezügelter und wilder sie sich dort gebärden dürfen, umso prachtvoller ist das Gesamtbild. Gerade Kletterrosen sind in diesem Umfeld formidabel. Deren sparrige Triebe sollten frühzeitig in die Horizontale gelenkt werden, damit sie viele Blüten ansetzen. Sie bilden ein ideales Duett mit Clematis, beide wetteifern in ihrer Schönheit miteinander. Rambler-Rosen blühen meist nur einmal, dafür aber umso überschwänglicher.

Wie wirken die Farben der Rosen? Weiße Rosen strahlen Noblesse aus, und Weiß lässt sich gut mit weichen Pastelltönen kombinieren. Rosa wirkt feminin, eine der prachtvollsten Sorten ist die porzellanrosa Kletterrose ‘New Dawn’, mit zartem Duft. Sie ist sehr robust und blühfreudig bis in den Herbst. Die Kleinstrauchrose ‘The Fairy’ prunkt mit klarem Rosa zwischen dunklem Laub als Hingucker im vorderen Bereich einer gemischten Rabatte. Englands Garten-Guru Christopher Lloyd kombinierte sie mit den weißen Blütendolden des Schnittknoblauchs *(Allium tuberosum)*. Eine der hinreißendsten rosa Portlandrosen ist ‘Jacques Cartier’ aus dem Jahr 1868 mit üppig gefüllten Blüten.

Rote Rosen sind Diven, die um Aufmerksamkeit buhlen, manchem sind sie zu »laut«. Dem verführerischen dunklen Purpurrot der legendären Gallica-Rose ‘Charles de Mills’

Graziöse Hochstämmchen bringen Eleganz. ‘Cardinal Hume’ blüht üppig und die purpurroten Becher-Blüten duften nach Heu, darunter blüht ein Meer aus Katzenminze der Sorte ‘Walker’s Low’.

mit ihren dicht gefüllten Blüten und dem tiefen Wohlgeruch ist aber kaum zu widerstehen. Intensiv leuchtendes Rot hat die neue Kletterrose 'Amadeus'. Gelbe Rosen gelten manchem Gartenbesitzer als heikel. Harmonische Begleiter sind der sanfte gelb-grüne Frauenmantel und die hellgrüne Wolfsmilch mit ihrer markanten Struktur – beides schöne Partner für Rosen aller Art.

Passende Begleiter steigern die Schönheit

Eine noble Umrahmung gleich welcher Farbe bieten alle Pflanzen mit sattgrünem und silbernem Laub. Zum glänzenden Hofstaat der Gartenkönigin gehören Lavendel (dabei schätzt der eher magere kalkhaltige Böden – Kies ins Pflanzloch geben), Katzenminze und Zier-Salbei. Gerade im formalen Garten sind diese Paarungen am besten von streng getrimmten Buchs-Bordüren gerahmt. Die etwas steifen Edelrosen werden z. B. mit Schleierkraut unterpflanzt und so aufgelockert. Originell ist eine Paarung mit den fein gefiederten Dolden des Dills. Traditionelle Rosenkavaliere für Strauchrosen sind Rittersporn, Fingerhut, Lupinen und Glockenblume. Anmutig ist die uralte Kombination mit Madonnen-Lilien, Avantgardisten gesellen den heiteren Esprit von Gräsern zu Rosen.

Welchen Boden brauchen Rosen, damit sie gut gedeihen? Als Tiefwurzler lieben sie nährstoffreiche, humose, tiefgründige Erde, die regelmäßig gelockert werden sollte. In Rosen-Monokulturen sind sie anfälliger für Krankheiten. In einer gemischten Pflanzung mit Stauden gedeihen sie besser und entsprechen dem aktuellen Trend zu natürlich wirkenden Pflanzengesellschaften. Achten Sie stets auf ausreichenden Pflanzabstand, Rosen lieben eine gute Luftzirkulation. Mit Gießkanne oder Schlauch immer direkt in den Wurzelraum gießen. Beregnen mit dem Sprenger verdirbt die Blüten und macht die Blätter anfälliger für Pilzkrankheiten.

Frost- und Sonnenschutz

Ein leichter Winterschutz ist ab Frosteinbruch empfehlenswert. Im Normalfall reicht das Anhäufeln von Erde. Bei sonnigem Winterwetter ist eine Schatten spendende Decke aus Fichtenzweigen gut. Beetrosen deckt man damit ab, bei Kletter- und Hochstammrosen bindet man sie in die Triebe.

Farben-Harmonie wie aus dem Malkasten: Himbeerrote Spornblume und dunkelrotes Purpurglöckchen werden von einem rosaroten »Echo« aus Kletterrosen überragt.

Romantik pur: Zwei Kletterrosen (links: 'Félicité et Perpétue', rechts: 'Frau Eva Schubert') rahmen diesen Sitzplatz ein und verwandeln ihn in ein wild-lässiges Idyll.

Laubgehölze zünden zauberhafte Farbfeuerwerke im Herbst

Mit dem Ende des Sommers ist die Schönheit des Gartens noch längst nicht vorbei. Selbst die spät blühenden prächtigen Herbst-Stauden werden von Gehölzen übertrumpft. Mit grandiosem herbstlichem Farben-Spektrum präsentieren sie triumphal ihre zweite Identität, manche erreichen sogar erst dann den Höhepunkt ihrer Entwicklung und Schönheit. Die Herbstfärber wetteifern mit glühenden Farben, lassen den Garten geradezu leuchten und auflodern und machen ihn zur Bühne für eine fulminante farbige Show. Es sind vor allem die warmen Gelb- und Rottöne, manche reichen bis zu Violett sowie Gold- und Goldbraunnuancen, die uns im Zusammenspiel mit der tiefer stehenden, weniger gleißenden Herbstsonne einen wahrhaft goldenen Oktober schenken. Man muss nicht in die USA, nach Neu-England, zum »Indian Summer« aufbrechen, mit den entsprechenden Gehölzen lässt sich dieser farbenfrohe Herbstzauber in den eigenen Garten pflanzen.

Die von der Größe des Grundstücks abhängige Frage ist: Reserviert man gleich einen ganzen Bereich für zahlreiche Herbstfärber? Sie können dann farblich aufeinander abgestimmt werden zu einem leuchtenden Potpourri. Ein mittelgroßer Garten (ab ca. 400 Quadratmeter) könnte beispielsweise folgendermaßen bestückt sein: Pflaumenblättriger Weißdorn *(Crataegus* x *prunifolia)* mit leuchtend orange bis rot strahlendem Blattwerk korrespondiert temperamentvoll mit der Variante *(C. lavallei)* 'Carrierei' in sattem Gelbrot. Gesteigert wird das Ganze noch durch die orangeroten Früchte, die bis in den Dezember haften.

Kleinkronige anmutige Bäume »beleuchten« als hübscher Hausbaum einen Eingang im Herbst. Mit ihnen harmonieren z. B. Feuer-Ahorn *(Acer ginnala)* und die graziöse Kahle Felsenbirne *(Amelanchier laevis)*, die in Gelb oder Orange bis Scharlachrot changiert. Beide bilden zwischen fünf und sieben Meter hohe Großsträucher mit locker ausladendem dekorativem Habitus.

Den Hintergrund dominieren Japanische Blüten-Kirschen, deren scharlachrot verfärbte Blätter Signalwirkung haben. Vis-à-vis kann ein Rot-Ahorn *(Acer rubrum)* als imposanter Solitär die erste Geige in diesem stimmigen Farb-Orchester spielen. Die Sorte 'October Glory' hält, was ihr Name verspricht: Der zehn bis 15 Meter hohe Baum mit breiter pyramidaler Krone leuchtet schon auf große Entfernung mit geradezu brennendem Orange- oder Scharlachrot. Solche Farbbrillanz verdient eine Solitärstellung.

Für kleinere Gärten ist der ähnlich gefärbte Rot-Ahorn 'Scanlon' mit schmaler kegelförmiger Silhouette eine Alternative. Einen goldgelben Saum bilden davor die herbstlichen Blattwerke von Haselnuss und Zaubernuss *(Hamamelis mollis)*; letztere betört gleich zweimal im Jahr.

So kommen Herbst-Bäume gut zur Geltung

Spannungsreiche Effekte entstehen, wenn sich einzelne Solitäre, in lockeren Abständen gepflanzt, wie ein rotgoldener Faden durch den Garten ziehen. Sie können sowohl als Blickpunkt am Rand einer Staudenrabatte als auch am Gehölzrand oder in freier Rasenfläche stehen. Dabei sollte man darauf achten, ein Wechselspiel und Blickbezüge herzustellen. Kleine Bäume mit großer farblicher Wirkung machen sich gut an Eckpunkten von Wegekreuzungen, am Ende einer Hecke oder sie flankieren als Paar den Beginn oder das Ende eines Weges. Größere Bäume eignen sich

Der Feuer-Ahorn *(Acer rubrum)* ist als malerischer Großstrauch mit seiner schmalen kegelförmigen Krone ideal für solitäre Stellung.

Linke Seite: Ebereschen *(Sorbus* x hybrida 'Gibsii') sorgen mit leuchtend roten Früchten für Aufmerksamkeit.

zum Solitär auf großer weiter Rasenfläche oder in lockerer Gruppierung mit anderen Herbstfärbern, die sich mit ihren farblichen Nuancen gegenseitig in ihrer Wirkung steigern. Beispielsweise können in einer Abfolge von Gelb-Gold-Braun-Tönen rote Färbungen eine reizvolle Unterbrechung sein.

Herbstfärbende Gehölze passen zu jedem Gartenstil. Selbst Gartenbesitzer, die minimalistische Symphonien nur in Grüntönen schätzen, können der Verführung durch einen warm leuchtenden Herbststrauch nicht widerstehen. Wer Verfechter des architektonischen Gartens ist, in dem geometrische Formen dominieren, pflanzt Herbstfärber z. B. in Kugelform. Die hochstämmig veredelte Zwergform der Esche, die Kugel-Esche *(Fraxinus excelsior* 'Nana'), ist ein ästhetischer Kleinbaum mit gelblichen Blättern im Herbst. Noch wirkungsvoller ist der als Kugel gezogene beschnittene Feld-Ahorn *(A. campestre* 'Nanum'), dessen Blätter wie in Gold getaucht glänzen.

Man kann auch bewusst einen Kontrast gegen formale Strenge setzen, z. B. eine Eberesche *(Sorbus)* hinter oder neben eine geometrisch geschnittene dunkelgrüne Hecke. Das vielseitige Gehölz mit eleganter schmaler, lockerer Wuchsform wirft sich, nach weißem Blütenflor im Frühjahr, im Herbst noch einmal festlich in Schale.

Einer der schönsten Herbstfärber ist das Pfaffenhütchen. Der malerische mittelhohe Strauch prunkt schon von Weitem mit flammendem Blattwerk in Karminrot bis Lila.

Wer diese lackrot glühenden Blätter in seinem Garten bewundern will, braucht Platz: Der Amberbaum ist ein stattliches Gehölz, das bis zu 30 Meter Höhe erreichen kann.

Schon die fächerförmige oder gelappte Form der Ginkgo-Blätter ist außergewöhnlich. Und im Herbst beschert das wertvolle Gehölz einen gelb-goldenen Laubteppich, fast zu schade für den Komposthaufen.

Der Tulpenbaum stellt durch imposanten Wuchs und tolle Herbstfärbung eine Attraktion im Garten dar. Die tief zerteilten Blätter glühen in sattem Gold-Gelb-Rot.

Form- und Farbenvielfalt

Eine der schönsten Sorten aus der Sorbus-Verwandtschaft ist 'Joseph Rock', zu deren spektakulärer rot-orange bis purpur leuchtender Färbung sich glänzend gelbe Beeren gesellen, die fast den ganzen Winter über hängen bleiben. Der bis sechs Meter hohe Großstrauch mit schmaler Krone findet in der größeren Schwester *S. sargentiana* fantastische Ergänzung. Sie glänzt mit über 30 Zentimeter langen Blättern in Orange-Braun-Rot.

Liebhaber küren jedoch die Späte Vogelbeere *(S. serotina)* zur Königin. Sie zieht mit tief orangeroten Blättern magnetisch die Blicke an und bezaubert mit locker schirmartigem Wuchs. Sie ist ein prachtvoller Solitär für kleinere Gärten oder markanter Hintergrund für Rabatten mit Gräsern, Herbst-Astern, Herbst-Anemonen, Chrysanthemen und Fetthenne-Sorten mit Herbstfärbung (z. B. *Sedum floriferum* 'Weihenstephaner Gold'). Im Heidekrautgarten mit späten Sorten setzt dieser malerische mehrstämmige Großstrauch einen tollen Akzent. Nicht nur wegen ihres pittoresken Wuchses sehr beliebt sind

Fast alle Weißdorn-Gehölze zeichnen sich durch gefälligen Wuchs, schöne Herbstfärbung und attraktive leuchtend rote Früchte aus – ein dekorativer Solitär oder auch schön als lockere Hecke.

So gedeiht Blumen-Hartriegel
Als Standort bevorzugen Blumen-Hartriegel sonnige bis halbschattige Lagen. Der Boden sollte frisch, sandig-humos, sauer bis neutral sein. Weder Kalk noch Staunässe werden vertragen. Alle Blumen-Hartriegel sollten nicht geschnitten werden.

Blumen-Hartriegel, etliche Formen dieser artenreichen Gattung bezaubern auch mit eindrucksvoller Färbung im Herbst. Zu den kostbarsten zählt der elegante Japanische Blumen-Hartriegel *(Cornus kousa* 'Teutonia'), der rund fünf Meter große, horizontal aufgebaute Großstrauch verwandelt sich im Herbst in eine einzige rot lodernde Flamme. Er ergibt einen Blickfang als Hintergrund einer Staudenrabatte mit Herbst-Astern, wirkt vor einer Eibenhecke oder als famoser Solitär an Hausecken und vor Mauern.

Die Berberitze ist ein Gehölz, das viel öfter eingesetzt werden sollte. Völlig anspruchslos in puncto Standort, lässt sie sich universell verwenden. Als frei wachsende oder formal geschnittene Hecke ist sie ein dunkelroter Wall. Als lockerer mittelhoher Strauch avanciert sie zum Herbstfärber mit »Wow-Effekt«, scharlachrot entflammen tausende von Blättchen. Der Strauch ergibt eine schöne Abstufung innerhalb einer Gehölzpflanzung oder wirkt als prachtvoller Solitär im kleinen Beet.

Auch Einzelexemplare zeigen schöne Wirkung

An diesem Beispiel zeigt sich: Ob großer oder kleiner Garten, schon mit einem einzigen Herbstfärber lässt sich magisches Flair erzielen. Wer ein Faible für besonders ausgefallene Gehölze hat, wird die aus Japan stammende Prachtglocke *(Enkianthus campanulatus)* schätzen. Allein mit ihrem filigran verzweigten Etagenwuchs verbreitet sie exotische Stimmung. Die feurig rote bis gelbe Einfärbung macht das Kleinod (bis vier Meter Höhe) zur weithin sichtbaren Attraktion.

Ein traditioneller Gartengast wird gerade von Gartenkünstlern wiederentdeckt. Es ist der originelle Essigbaum *(Rhus typhina)*. Der mehrstämmige Kleinbaum mit pittoreskem Wuchs bannt mit grandioser Färbung seiner großen gefiederten Blätter in Orange-, Feuer- oder Scharlachrot - ein schöner Blickfang im Vorgarten und an sonnigen Gehölzrändern. Sein ausladender Schirm über einer Rabatte mit Herbst-Astern und Gräsern wie Chinaschilf, gelb gerändertem Goldleistengras und Diamantgras ergibt ein nuancenreich schillerndes graziöses Bild.

Die Parrotie *(Parrotia persica)* halten Herbst-Enthusiasten für eines der schönsten Solitärgehölze der dritten Jahreszeit. Selbst an einem tristen Tag vertreibt der malerische Großstrauch mit breiter Trichterform alle herbstliche Melancholie. Seine Farbskala reicht von Gelb-Orange-Rot bis zu einem ins Violette verlaufenden Scharlachrot. Manche Blätter sind mehrfarbig und die extravagante Färbung halt sehr lange an. Dieses Gehölz braucht Raum und entfaltet vor dunklen Immergrünen seine Pracht ideal.

Einen Ehrenplatz als Solitär oder im Zentrum einer Gehölzpflanzung verdient die Vogelkirsche *(Prunus avium)*. Der rund 15 Meter hohe Baum besticht mit einer ovalen, eiförmigen Krone. Auch die Blätter haben längliche Eiform, hinreißend ist ihre prachtvolle Herbstfärbung in kräftigem Gelborange bis Scharlachrot. Sandige Standorte sind für diese Schönheit, die Sonne bis Halbschatten mag, ungeeignet.

Die Zaubernuss legt sich im Spätsommer ein festliches goldgelbes Kleid an. Dazu setzen hier die schlanken Blütenstände der Silberkerze einen reizvollen eleganten Kontrapunkt.

Zieräpfel sind die neuen Favoriten in jedem Garten. Sie bereichern nach grandioser Frühjahrsblüte vom Herbst bis in den Winter mit dekorativen roten Früchten, ein beliebtes Vogel-Buffet.

Die Herbstpracht der Exoten

Längst kein Exot mehr ist der Ginkgo, jenes lebende Fossil aus Urzeiten, das sich mit den vielleicht schönsten goldgelben Blättern überhaupt schmückt und spätestens, seit der Geheimrat Goethe sich in ihn verliebte, unsere Gärten erobert hat. Als wundervoller Solitär überzeugt er auf einer Rasenfläche, vor dunklen Nadelgehölzen oder in einer Gruppe am Gehölzrand. Allerdings eignet sich die auch Fächerblattbaum genannte eindrucksvolle Erscheinung nicht unbedingt für kleine Gärten. Obwohl der Ginkgo in den ersten Jahren sehr langsam wächst, kann er danach bis zu 30 Meter hoch werden.

Zu den prachtvoll gefärbten Majestäten gehört auch der Amberbaum *(Liquidambar styraciflua)*. Der bis zu 30 Meter hohe Gigant mit kegelförmiger imposanter Krone betört mit fulminanter Färbung, die tiefpurpurn, scharlach- oder weinrot, violett oder gelborange sein kann. Für diese intensive Kolorierung braucht er einen vollsonnigen Standort sowie sauren bis neutralen Boden ohne Kalk. Seine Schönheit entfaltet sich optimal als Solitär auf großer Rasenfläche, an einem Teich, in dem er sich spiegeln kann, oder vor hohen dunklen Immergrünen. Passende Nachbarn sind der gleichzeitig gefärbte Tulpenbaum und Ginkgo (beide gelb), gesteigert wird das farbige Bravourstück mit dem kleineren, karminroten Rostbart-Ahorn *(Acer rufinerve)*.

Der Tulpenbaum *(Liriodendron tulipifera)* gehört zur »Königs-Gattung« der Gehölze, allein wegen seines stattlichen Wuchses (in Parkanlagen rund 25 Meter hoch) und der pyramidalen Krone. Wenn er sein prachtvolles Herbstkleid anlegt, ist er wie mit einem satten goldbraun-gelben Schleier umhüllt. Schon von Weitem strahlt dieser Baum herrlich und sollte unbedingt einen solitären Standort bekommen. In einer parkartigen Anlage wird seine gloriose Leuchtkraft gesteigert durch die fast gleich hohe Scharlach-Eiche *(Quercus coccinea)*, die farblich einlöst, was ihr Name verspricht.

Die passende Bühne verleiht dem Auftritt mehr Glanz

Auch für diesen Star empfiehlt sich eine adäquate Bühne: Der Tupelobaum *(Nyssa silvatca)* erreicht mit seinem breiten konischen Wuchs eine Höhe von ca. 20 Metern und 15 Meter Breite. Seine zart orangerote Färbung verträgt sich schön mit Gehölzen in Goldgelb, z. B. eine Rahmung mit Ginkgo. Während der Ginkgo ein botanischer Zwitter ist - weder Laub- noch Nadelgehölz -, sondern von Wissenschaftlern als »Eremit« eingestuft wird, gibt es ein echtes Nadelgehölz mit wundervoller Herbstfärbung: die Lärche. Sie ist ein imposanter Baum für den Gehölzrand oder für Einzelstellung, der pro Jahr bis zu 50 Zentimeter wächst und 35 Meter Höhe erreichen kann - daher nur für große Gärten verträglich. Der Baum benötigt viel Platz sowie reichlich Luft und Sonne (höchstens noch Halbschatten). Die weichen Nadeln färben sich spät im Herbst goldgelb, um dann abzufallen. Dieser prachtvolle Solitär mit seinen leicht hängenden Zweigen stellt eine anmutige Verbindung zwischen Koniferen und Laubbäumen her.

Grundsätzlich brauchen Bäume mit auffälliger Herbstfärbung genügend Platz und vor allem Licht. Wie der Starschauspieler auf der Bühne erst durch den Kegel des Spots richtig zur Geltung kommt, braucht das prachtvolle herbstfärbende Gehölz einen »Scheinwerfer«, um wirklich weithin zu strahlen und zu glänzen. Am besten bringen die Strahlen der schräg einfallenden milden Herbstsonne das Farbspektrum der Blätter gebührend zum Leuchten.

Manche Herbstfärber besitzen jedoch so intensiv getöntes Laub, dass sie selbst bei trübem, nebligem Wetter oder bedecktem Himmel noch leuchten, z. B. der Ginkgo. Fazit: Auf die reiche Schönheit, die herbstfärbende Gehölze bescheren, sollte in keinem noch so kleinen Garten verzichtet werden.

Sonne für tolle Färbung
Bei der Standortwahl bedenken: Herbstfärber nicht in den dichten Schatten größerer Bäume, an die Nordseite des Gartens oder in den Schatten eines Gebäudes pflanzen, wo keine Herbstsonne hin reicht - denn im Schatten fällt die Herbstfärbung weniger intensiv aus.

Ein Kleinod, das im Herbst gleich zweifach bezaubert, ist die Kornelkirsche 'Aurea Elegantissima'. Zwischen Laub in Rosa-Gold-Grün locken glänzend rote Früchte, begehrt von Vögeln und Marmelade-Kennern.

Themenbereich

Standorte

Wasser bringt gute Laune selbst in den kleinsten Garten

Die Magie des Wassers fasziniert uns, seit es Gärten gibt. Schon der Anblick dieses Elementes wirkt besänftigend und entspannend auf jeden Betrachter. In einer Wasserfläche spiegeln sich Uferbepflanzung und Himmel, Sonnenstrahlen werden reflektiert. Ob verträumter Tümpel, dekorativer Mini-Brunnen, murmelnder Bachlauf, naturnahe große Wasserfläche als Pool oder elegantes Bassin – Wasser schenkt dem Garten Weichheit und vollendet ihn zum Paradies. Es lockt Leben an: Vögel, Insekten, Frösche, Libellen.

Mit welcher Form lässt sich die Wasserfläche harmonisch in das Gesamtgelände einfügen? Streng formal oder naturnah geschlängelt? Der Atrium- oder Vorgarten wird schon durch Wandbrunnen oder Quellsteine mit sanftem Plätschern verzaubert. Wer ein blaues Band durch seinen Garten ziehen will, setzt das unermüdlich blühende Sumpf-Vergissmeinnicht als doppelte Bordüre an einen Bachlauf. Kleine Blume, großer Effekt!

Mehr optische Tiefe

Ein Bachlauf, der sich durch den Garten schlängelt, gibt einem Gelände Dynamik. Verläuft er vom Haus aus diagonal bis zur Grundstücksgrenze, verleiht er einem kleinen Garten optisch mehr Tiefe.

Kleine Gärten vertragen ein geometrisches Becken meist besser als einen organisch geformten Mini-Teich. Im größeren architektonischen Garten fügt sich ein geometrisches Becken ästhetisch perfekt in den Gartenstil ein. Ist das Grundstück lang und schmal, wirkt es kürzer, wenn das Wasserbecken in der Mitte quer eingefügt wird – es sei denn, man möchte den gestreckten Charakter des Gartens mit einer Längsachse noch mehr betonen. Ein kurzer oder quadratischer Garten erscheint optisch verlängert, wenn mittig ein langes schmales Becken eingelassen wird.

Formales Becken oder naturnaher Teich?

Eine solche formale Wasserfläche hebt sich bewusst von der umgebenden Natur ab. Voll eleganter Raffinesse wirkt sie, wenn sie nicht auf gleicher Höhe mit der angrenzenden Erdoberfläche liegt, sondern wie ein Beet leicht erhöht aus edlem Rasenparterre ragt. Wenn sich zum Ende hin noch eine formale Eibenhecke und die Silhouette eines malerischen Baumes im Wasser spiegeln – voilà, das hat etwas vom Barockgarten á la française!

Mit einer Einfassung aus ausdrucksvollen Steinquadern oder Holzplanken ist ein formales Becken schon Zierde an sich. Die Strenge der Konturen lässt sich durch Pflanzen im oder am Teich auflockern. Schön sind Gewächse mit lockerem Habitus in Kübeln. Sie können beidseitig die Längsseiten flankieren oder das Kopfende akzentuieren. Dafür eignen sich z. B. Schmucklilie, Oleander, Gräser oder Hortensien.

Ab ins Winterquartier
Hechtkraut ist in unseren Regionen nicht unbedingt winterhart. Deshalb am besten in einem Korb ins Wasser versenken, im späten Herbst herausnehmen und zum Überwintern in den Keller bringen.

Weich wirken büschelige Ziergräser wie Glanzgras und Lampenputzergras, die sanft über die Einfassung wogen. Apart ist das allerdings nicht winterharte Zypergras *(Cyperus alternifolius)*, das hoch aus dem Wasser heraus ragt. Eine Augenweide ist auch das Hechtkraut *(Pontederia)*, zwischen dessen speerförmigen Blättern sich fragile blaue Blütenähren erheben. Diese hübsche niedrige Wasserpflanze ist in großen Tuffs an der Uferkante eines naturnahen Teiches umwerfend schön.

Ein formaler Zierteich sollte hausnah an der Terrasse liegen, um seine Schönheit jederzeit genießen zu können. Das gilt ebenso für den naturnahen Teich, dessen gestaffelte Wasser- und Uferbepflanzung einen reizvollen Anblick bietet. Er kann sich aber auch als Überraschung im hinteren Bereich eines Grundstückes befinden. Dies ist ratsam, wenn sich dort Tiere als Gäste einstellen sollen, vor allem Vögel wie Reiher etc. Von der Terrasse aus sieht man dann vielleicht nur hohe Graswedel winken.

Es muss nicht immer ein Teich sein. Der Platz sparende rustikale Mauerbrunnen plätschert in einem mediterranen Ambiente aus Naturmaterialien und warmen Ziegeltönen.

Auch mit minimalistischen Mitteln wird die Faszination des Elementes Wasser erzeugt. Sprudelsteine und eine elektrische Pumpe mit Schaltuhr – schon ist der Wasserspaß perfekt.

Ein naturnaher Bachlauf mit adäquaten Pflanzen: Eleganter Wiesenknopf (rechts), Wasserdost der Sorte 'Glutball' und die Rispen des Knöterichs ergeben farblich ein harmonisches Trio, eingerahmt von hohen Gräsern wie Chinaschilf.

Hohe Gräser wie verschiedene Arten des Chinaschilfes sind ideale Partner für Gewässer, weil sich ihre gebogenen Blütenrispen malerisch in der Oberfläche widerspiegeln. Der Rohrkolben fühlt sich in flachem Gewässer wohl.

Angesichts des Siegeszuges naturnaher Gärten gewinnen dementsprechende Gewässer immer mehr Liebhaber. Ob mit Ton abgedichtet oder als Folienteich – naturnahe Teiche haben frei geformte, geschlängelte Uferlinien, Pflanzen kaschieren die Nahtstelle zwischen Ufer und Wasser. Je üppiger und abwechslungsreicher die Bepflanzung am Ufer ist und sich von dort aus gestaffelt ins Wasser hinein zieht, umso natürlicher erscheint ein Gewässer. Dabei unterscheidet man verschiedene Zonen: Der trockene Uferbereich liegt außerhalb der Abdichtung, innerhalb der Abdichtung folgt ein feuchter Uferbereich. Daran schließt sich die Sumpfzone an und im Wasser schließlich Flachwasser- und Tiefwasserzone.

Dekorative Stauden am Ufer und im Wasser

Für boden- und luftfeuchte Uferbereiche eignen sich zahlreiche Stauden: z. B. gründgelber Frauenmantel, der sanft überhängend den Uferrand verdeckt, das riesige anmutige Kreuzkraut *(Ligularia)*, die im Mai blühende Kuckucks-Lichtnelke *(Silene floscuculi)*, Mädesüß und Pestwurz, die sich rasend schnell ausbreitet und an großen Teichrändern gute grafische Akzente setzt. Auch Primeln lieben feuchten Boden und bilden fröhliche Farbkleckse am Uferrand. Sie werden überragt von den zarten Kolben des Wiesenknöterichs. Sogar Storchschnabel verträgt feuchte Füße. Der sich kräftig ausbreitende purpurviolette Sumpf-Storchschnabel setzt einen bewunderungswürdigen Akzent am Wasserrand. In Partnerschaft mit Mädesüß und den zartrosa Blütenkolben des Schlangenknöterichs bildet er ein graziöses Terzett.

Spannender Hintergrund ist der bis zu zwei Meter hohe Wasserdost, mit filigranen weißrosa Blüten eine der markantesten Solitärstauden am Uferrand. Ein passender Nachbar ist der niedrigere Weiderich, ein üppig verzweigter Busch mit purpurroten Blütenkerzen.

In der Sumpfzone (zehn Zentimeter unter oder über der Wasseroberfläche) gedeiht die auffällige Scheinkalla *(Lysichiton)*, die mit gelbem oder weißem Hüllblatt einen bizarren grünen Kolben umfängt. Nach der Blüte (April bis

Imposante Blattschmuckstauden sind die ideale Uferbepflanzung an größeren Teichen. Das Schaublatt 'Rotlaub', hat gezackte bronzerote Fächerblätter und eignet sich vorzüglich für sumpfige Standorte.

Die prächtigste architektonische Blattform unter den Wasserpflanzen besitzt das Mammutblatt *(Gunnera manicata)*. Neben den gigantischen Blättern sind auch die senkrecht aufragenden Fruchtstände eine Attraktion.

Juni) streckt sie lange dekorative breite Blätter aus – eine Augenweide für jedes Ufer, ob Teichrand oder einen Bachlauf begleitend. Konkurrentin ist die goldgelbe Sumpfdotterblume, ein Star unter den Wasser liebenden Stauden. Sie debütiert schon ab März mit ihren Blüten und bildet ein charmantes Duett mit dem himmelblauen Sumpf-Vergissmeinnicht.

Ein Klassiker für die Flachwasserzone (Wasserstand zwischen zehn und 40 Zentimeter Tiefe) ist der Rohrkolben *(Typha)*, der ab Mai seine typischen braunen Kolben bildet. Er erreicht imposante Größe (bis 2,50 Meter) und beeindruckt besonders in großen Gruppen. Ebenso prägt das gleich hohe Schilf *(Phragmites australis)* mit seinen charakteristischen Wedeln diese Zone. Beide Pflanzen sind wirkungsmächtige Riesen, die sich gut als rückwärtiger Rahmen für einen großen Teich eignen und schon von Weitem für Aufmerksamkeit sorgen. In flacher Wasserzone fühlt sich auch die gelbe Sumpf-Schwertlilie wohl, eine der anmutigsten Wasserpflanzen überhaupt. Sie leuchtet weithin und verleiht allen Uferbepflanzungen einen idyllischen Hauch.

Im modernen Garten kann die Vielfalt am Teichufer auf wenige Arten reduziert und dennoch höchst effektvoll sein. Verträumt wirkt die Kombination aus einem Streifen von Frauenmantel oder zitronengelber Sumpf-Wolfsmilch direkt am Wasserrand und dahinter einer flirrenden Wand aus weißer Prachtspiere oder opulentem Goldfelberich, der gerne an Bachläufen verwildert.

Blattschmuckstauden und Gräser als Rahmen

Sehr nobel sind Uferränder in monochrom abgestuften Grüntönen. Eine solche Gesellschaft könnten z. B. der Feuchtigkeit liebende Königsfarn *(Osmunda regalis)* mit dem Bronze-Schaublatt *(Rodgersia)* bilden, dessen dekorative große, fünfteilige, tief gezackte Blätter im Austrieb rötlich sind und später vergrünen. Dahinter könnte sich imposanter 1,50 Meter hoher Fluss-Ampfer *(Rumex hydrolapathum)* erheben mit großen, weichen, schmalen Blättern (eignet sich eher für große Teiche).

Elegante Lichtpunkte direkt an die Uferkante setzt die attraktive weiß blühende Japanische Iris *(Iris ensata* 'Alba'). Der im Wasser stehende Froschlöffel *(Alisma)* wirkt mit hohen hauchzarten Blütenrispen wie Schleierkraut und verleiht flachem Gewässer Anmut. Wer Seerosen, Mummeln und Seekanne liebt – alle drei

Schwimmblattpflanzen, die romantischen Zauber verbreiten –, braucht eine Mindesttiefe von mehr als 0,50 Meter Wasserstand. Naturnahe Teiche sollten eine Mindestgröße von 15 bis 20 Quadratmeter Wasseroberfläche haben. Je größer das Gewässer, desto majestätischer können die Pflanzen sein. Hohes Chinaschilf und Pampasgras sind imposante Rahmungen, die sich beim leisesten Windhauch bewegen und effektvoll im Wasser spiegeln.

Gräser und Wasser, das harmoniert wunderbar. Für eine niedrige Uferbepflanzung (0,75 bis 1,20 Meter Höhe) eignen sich die attraktiven Schmielen *(Deschampsia caespitosa)* 'Goldgehänge' und 'Goldstaub' zusammen mit Schaublatt *(Rodgersia)*. Ein fulminanter Hintergrund ist hohes Reitgras mit imposanten Federn aus ockerfarbenen Rispen. Die vielen Sorten des Chinaschilfs rahmen Uferböschungen grandios ein. Das fragile Pfeifengras hingegen liebt feuchten Boden und bildet ein hübsches Duett mit Wasserdost.

Die dramatischste Pflanze für Teichränder ist das Mammutblatt *(Gunnera)* – Königin der großblättrigen Stauden. Mit diesem Giganten kommt Dschungel-Atmosphäre an die (möglichst große) Wasserfläche. Seine riesigen, wie Kelche geformten Blätter werden bis 1,50 Meter breit und sind von dicken Stielen getragen. Englands Staudenexpertin Beth Chatto setzt daneben den Fluss-Ampfer, der mit langen zugespitzten Blättern und hohen cremegrünen Blütenkerzen einen wirkungsvollen grafischen Kontrast bildet: ein grandioses, geheimnisvoll wildes Duett!

Die Badelaube im Skandinavien-Look gibt mit dem Grün des Bambuswäldchens einen fröhlichen Kontrast. Schwimmlampen tauchen den Teich nachts in romantisches Licht.

Das Paradies kann so genügsam sein

Man muss gar nicht aus der Not eine Tugend machen. Der Trockengarten ist nicht der erzwungene Kompromiss, weil auf dem vorhandenen Boden die erträumten Stauden nicht gedeihen. In Zeiten von Klima-Erwärmung und teurem Trinkwasser entscheiden sich viele Gartenbesitzer ganz bewusst für einen Trocken- oder Kiesgarten, aus ästhetischen und vielen guten ökologischen Gründen. Obendrein verursacht ein solches Terrain, einmal gut angewachsen, wesentlich weniger Aufwand an Pflege als perfekter Rasen und Staudenbeete. Der Trockengarten muss nicht gemäht und viel weniger gewässert werden. Das schont die Umwelt, den Geldbeutel und man kann im Sommer in den Urlaub fahren und entspannt den Garten sich selbst überlassen, auch wenn es nicht regnet.
Der Trockengarten kann viele Gesichter haben, dazu gehören Steppen-, Stein-, Sand- und Wüstengärten, aber

Oben: Steine verschiedener Größe und Form, die wie zufällig angeschwemmt wirken, sind ein dekoratives und stilistisch passendes Gestaltungsmittel.
Links: Sandwege und Kiesbeete prägen den Trockengarten. Darin fühlen sich erstaunlich viele Stauden, Gräser und einjährige Pflanzen wohl. Der trockene Garten ist der Trend-Garten des 21. Jahrhunderts – Wasser sparend und naturnah.

Exakt gesetzte Tuffs aus Heiligenkraut, Lavendel und Federgras geben dem Areal formale Eleganz. Die blauen Felder der Katzenminze 'Walker's Low' werden überragt von wogenden Büschen des Alpenknöterichs 'Johanniswolke'.

auch mediterrane Pflanzungen. In jedem Fall gedeihen auf ständig oder zeitweise trockenen und oft auch kargen Böden Pflanzen, die diesen harten Bedingungen besonders gut gewachsen sind. Die Natur hat ihnen vielfältige Schutzmöglichkeiten mitgegeben, z. B. Blätter, die Wasser speichern wie bei den Sukkulenten. Andere haben wachsartig beschichtete, graue Blattoberflächen (z. B. Salbei) oder ein isolierendes Haarkleid (z.B. Wollziest), um die Verdunstung zu reduzieren und sich vor Sonnenbrand zu schützen.

Eine ästhetisch schöne Lösung für diesen Gartenstil ist eine komplette Kiespflanzung. Sie schafft nebenbei perfekte Bedingungen für sich selbst aussäende Pflanzen, quasi ein natürliches Saatbett. Dieser Aspekt verstärkt den eigenwilligen Reiz eines Trockengartens noch – wenn der Gärtner so viel pflanzliche Spontanität zulässt. An verschiedenen Stellen entstehen so immer wieder neue Gruppierungen von Pflanzen. Durch natürliche Vermehrung verändert sich das Pflanzenbild jedes Jahr neu. Oft erscheinen Arten an überraschenden Standorten.

Kies schützt vor Unkraut
Ein Kiesbeet bietet den Samen im Winter Schutz vor Fäulnis, im Sommer sorgt der Kies dafür, dass sich Unkräuter nur schwer ansiedeln können.

Bei der Neuanlage werden in den Kies großflächig natürlich geformte Blumeninseln gesetzt, die den Eindruck erwecken, als wären sie in einem ausgetrockneten Flussbett gestrandet. Das Gestaltungsprinzip dieses Gartenstils ist, mehr noch als im Cottage-Garten, die organische Form. Deshalb sind Pflanzen, in Tuffs, amorphen Rundungen und »Wolkenformationen« gepflanzt, besonders effektvoll. Alles wirkt natürlich, wie zufällig hingestreut - Anarchie mit hohem Charme-Faktor. Das entspricht ganz dem Credo des Potsdamer Stauden-Experten Karl Foerster: »Nur immer weg vom ewig Gestrigen und hin zum Schönheitswagnis!« Der im Trend liegende Trockengarten fungiert als faszinierender Experimentierraum für mutige Kombinationen schöner pflanzlicher Überlebenskünstler, Klassiker wie Novitäten. Fast alle Pflanzen, die vollsonnige heiße Standorte auf durchlässigen, trockenen, nährstoffarmen Böden bevorzugen, gedeihen bestens in diesem Terrain.

Gräser bringen Grazie und Leichtigkeit ins Spiel

Zur Grundausstattung im Trocken- und Kiesgarten gehört die reizvolle Vielfalt von Gräsern. Schließlich haben viele ihre Heimat in trockener Steppe, sind also von Natur aus sonnenhungrig und trockenheitsverträglich.

Mit Gräsern ziehen Leichtigkeit, Bewegung und Grazie in den Garten ein. Vor allem Gräser aus Steppenregionen wie die duftigen Federgräser *(Stipa)* oder auch Blaugras *(Sesleria)* und Perlgras *(Melica)* halten Dürre prima stand und behalten dennoch ihren eleganten Habitus bei.

Zu prachtvollen Feldern kann sich durch Selbstaussaat die höhere Art der Binsenlilie *(Sisyrinchium striatum)* auswachsen, mit schönen gelbweißen Blüten und graugrünen horstartigen Blättern, die bis in den Winter hinein ansehnlich sind. Dazwischen setzt, in zufälliger Anordnung, die sich durch die Selbstaussaat ergibt, die hoheitsvolle Königskerze mit ihren hohen Kandelabern grandiose vertikale Effekte. Überhaupt gehört die Königskerze (sie gedeiht zweijährig) zum unverzichtbaren Mitglied in

Federgras und Wolfsmilch ergeben mit kontrastierenden Formen ein reizvolles Paar. Ein Export vom Mittelmeer ist die Tamariske, ein malerischer filigraner Großstrauch.

Die Bergminze (Steinquendel) bereichert Trocken- und Steingarten; in großen Büscheln gepflanzt, ist sie eine Augenweide, die aromatisch duftet und viele Bienen anzieht.

naturnahen Trockengärten. Sie ist ein imposanter Strukturgeber mit ihren bis zu 2,50 Meter hohen Blütenstängeln, an denen die dekorativen Blüten in leuchtendem Schwefelgelb, Reinweiß oder Lilarosa sitzen. Interessanter Partner ist die Edeldistel mit ihren diversen Arten, auch ein attraktiver Star für den Trockengarten.

Ein hinreißendes Trio bildet die Kombination von hellviolettem Knollen-Brandkraut *(Phlomis tuberosa)*, rosaroten Edel-Garben *(Achillea)* und Prachtkerze *(Gaura lindheimeri)*. Sie bilden farblich einen reizvollen Dreiklang, eine schöne Staffelung in den Höhen und jede Pflanze ist für sich eine Schönheit. Vor allem die Prachtkerze ist zum neuen Superstar im naturnahen Trockengarten avanciert. Der unkomplizierte, prachtvolle Dauerblüher bezaubert bis in den November hinein mit hauchzarten weiß-rosa Blüten an langen Rispen auf hohen dünnen Stängeln. Er wirkt auch fabelhaft zwischen Gräsern.

Schön in einem trockenen Schotterbeet ist ein Ensemble aus wogendem Federgras *(Stipa)*, dazwischen kompakte Nachbarn wie Edeldistel und die leuchtend rote Fetthenne 'Munstead Dark Red'. Die diversen Arten der Fetthenne fühlen sich in kargem Boden sehr wohl. Sie sind mit ihren fleischigen Blättern und großen Blütendolden in Weiß oder Dunkelrosa wirkungsvolle Bodendecker und gute Füllpflanzen, vitale Schönheiten des Spätsommers.

Steine verkörpern Wildheit

Unregelmäßig geformte Kiesel und Steinbrocken in unterschiedlichen Größen geben dem Trocken- und Kiesgarten genau jenen naturnahen, wilden Kick, der seine ästhetische, leicht spröde Poesie ausmacht.

Trendige Hungerkünstler als poetische Paare

Wer also meint, im trockenen Garten gebe es nur Gräser-Monotonie und keine anmutigen Blumen, der irrt. Der Zier-Salbei *(Salvia nemorosa)* beispielsweise, eine der schönsten Stauden für die sommerliche Rabatte überhaupt, hält – seinem Namen entsprechend – vorübergehende Trockenheit gut aus. Er bereichert Beete mit zarten Blüten in prachtvollsten Blautönen (z. B. reinblau 'Blauhügel', nachtblau 'Mainacht'). Sein Zauber kommt großflächig gepflanzt noch schöner zur Geltung. Attraktive asketische Partner sind Lavendel, Rosmarin, Heiligenkraut sowie grüne Tuffs aus niedrigen Gras-Horsten.

Frische zieht mit den Wolfsmilch-Arten *(Euphorbia)* in den Trockengarten ein. Sie erhellen mit ihrem charakteristischen, ins Lindgrüne gehenden Gelb den Garten von März bis September. Viele stammen aus dem Mittelmeerraum und sind daher für trockene Standorte gut geeignet. Großartig ist die bis zu einem Meter hohe Form *E. characias* subsp. *wulfenii*, die sogar wintergrün ist. Schöne Konkurrenz dazu könnte der Meerkohl *(Crambe maritima)* sein. Seit der 1994 verstorbene englische Filmemacher Derek Jarman ihn als Leitstaude in seinen längst zur Ikone gewordenen Kiesgarten auf der Halbinsel Dungeness setzte, hat die robuste wuchtige Pflanze mit den überraschend fragilen Blütendolden Gärten in ganz Europa erobert – prädestiniert ist sie für trockene sandige Böden.

Wie aus einem Guss wirkt das Ensemble aus Natursteinen, Kiesbeet, Findlingen, Chinaschilf, Astern und dem Hungerkünstler Perlkörbchen als Bodendecker. Rustikales Mobiliar aus Holz fügt sich perfekt in die Szene ein.

Ein Klassiker voller Überraschungen

Er ist ein Klassiker, der nie aus der Mode kommt, treue Anhänger hat und gerade wieder neu entdeckt wird. Die besondere Schönheit des Heidegartens ist mit nichts zu vergleichen. Er ist ein Edelstein deutscher Gartenkultur und bietet einen wunderbaren Anblick mit seinen farbenprächtigen Teppichen in vielen Rosa-, Violett-, Lavendel- und Purpurtönen. Es gibt aber auch Nuancen, die in Weiß, Grau und Grün changieren. Gerade in der tristen Jahreszeit verjagt der flächige Farbenrausch einer Heidepflanzung die Winter-Melancholie, denn die Hauptblütezeit beginnt ab Januar und reicht oft bis in den April hinein. Bei richtiger Arten- und Sortenwahl blüht - außer Mitte Mai bis Mitte Juni - immer eine Heide. Einmal eingewachsen, ist der Heidegarten anspruchslos und pflegeleicht über viele Jahre hinweg. Wer sich an diesem blühenden Patchwork mit den sanft modellierten Matten erfreuen möchte, sollte dafür eine sonnige bis lichte Lage haben und den richtigen Boden: Heide liebt saure Erde, also Sand-, Moor- oder Torfböden, die mäßig trocken bis frisch sein sollten.

Faszinierendes Patchwork aus farbigen Polstern

Zu den beliebtesten Heidekrautgewächsen gehören die Heide *(Erica)* und die Besen- oder Sommerheide *(Calluna)*. Letztere führt die Hit-Liste an. Es gibt über 400 Sorten, die je nach Art von Mitte August bis Dezember blühen, mit einfachen oder gefüllten glockigen Blüten. Das Farbenspektrum ist überwältigend: Man findet reinweiße Sorten ('Alba Plena' und 'Long White'), rosaviolette ('Carmen'), reinrote ('Dark Star'), purpurrote ('Red Star),

Klassischer Heidegarten: Zu den farbigen Wogen der Heidekräuter *Erica cinerea* 'Lila Fee' und 'Roter Kobold' gesellen sich rechts grüne Irische Glanzheide *(Daboecia)* sowie immergrüne Koniferen.

tiefkarminrote ('Alportii') oder, besonders apart und nobel, silbergraue Sorten ('Silver Queen').

Besenheide kann kompakte niedrige Polster (20 Zentimeter Höhe) oder hohe Büschel (bis 50 Zentimeter) bilden mit strahlenförmig aufrechten langen Rispen. Die unzähligen winzigen, fragilen Blüten – die oft das grüne Laub komplett verdecken – sind es, die den Reiz dieser Heideart ausmachen. Bei einigen dieser gegen kalte Witterung extrem widerstandsfähigen Sorten öffnen sich die Knospen niemals. Diese bezaubern besonders lange mit ihren intensiven Farben.

Auch die zahlreichen Heide-Sorten haben ein vielfältig abgestuftes Farbspektrum. Die Schneeheide *(Erica carnea)* ist mit fein gefiederten, nadelartigen, immergrünen Blättern bestückt und blüht je nach Sorte von Januar bis Mai. Die Glocken-Heide *(Erica tetralix)* bezaubert an den Spitzen immergrüner Zweige mit Blütendolden in zarten Pastelltönen. Die Blauheide *(Phyllodoce caerulea)* ist ein hübscher Zwergstrauch, dessen Blüten nach dem Verblühen blau werden. Bis zu 60 Zentimeter wird die Grau-Heide *(Erica cinerea)*, deren hell- bis purpurviolette Blütentrauben intensive Leuchtkraft haben. Die Baumheide *(Erica arborea)* besitzt grauweiße glockenförmige Blüten, die nach Honig duften.

Calluna nach der Blüte stutzen

Besenheide *(Calluna)* sollte im Trieb gehalten werden, damit sie nicht verkahlt und blühunwillig wird. Dazu schneidet man sie im März/April, bei trübem Wetter, zurück. So entstehen viele junge Triebe. Wegen Pilzgefahr sollte das Schnittgut aus der Pflanzung entfernt werden.

Es muss nicht immer rosa sein: Die Besenheide-Sorten *Calluna* 'Silver Knight', 'Boskoop' und 'Gold Haze' fügen sich in großen Tuffs zu einem Arrangement von glänzender Noblesse.

Vertikale Effekte geben einem flachen Heide-Beet Spannung. Ideale Partner sind immergrüner Säulen-Wacholder, dessen kompakte Strenge durch fragile Gräser wie Hirse und Federborstengras aufgelockert wird.

Hoch wachsende Partner sorgen für Struktur

Heidepflanzen sind keine Solisten, sie brauchen Geselligkeit. In üppigen Gruppen wirken sie grandios, großflächig gepflanzt geradezu überwältigend. Ideal ist eine weite, leicht geschwungene Fläche, auf der Sorten einer Farbe von hell nach dunkel abgestuft gepflanzt werden. Zusätzlichen Reiz verleihen verschiedene Wuchsformen. Grüne Tuffs aus heideähnlicher Krähenbeere *(Empetrum nigrum)*, Thymian oder Zwerg-Koniferen setzen hier Akzente.

Heidebeete sind meist sehr flach. Damit das gerade bei großen Arealen nicht zu gleichförmig wirkt, bekommt ihnen etwas Auflockerung gut. Gräser sorgen für spannende vertikale Effekte, vor allem winterharte Ziergras-Sorten, wie Pfeifengras *(Molinia)*, Blaustrahlhafer *(Helictotrichon)*, Waldschmiele *(Deschampsia)* und die wintergrünen Schwingel-Sorten *(Festuca)*, eignen sich mit ihrem weichen Habitus dafür sehr gut. Die Prachtglocke *(Enkianthus)*, ein kostbares Heidekrautgewächs, sorgt als schlanker Strauch mit purpurner Herbstfärbung für einen fantastischen Hintergrund. Kleinere Sträucher wie die hinreißenden Arten der Lavendelheide *(Pieris)* sind grafische Höhepunkte im Zentrum oder an der Peripherie von Heidepflanzungen. Die goldgelben Sorten des Ginsters, als Zwergpolster oder Kleinstrauch, bringen Esprit und Heiterkeit ins Gesamtbild.

Den Rahmen eines Heidegartens bilden kleinblättrige Rhododendren oder immergrüne Nadelgehölze wie Kiefern oder Wacholder. Letzterer kann etwas schwermütig wirken, dagegen bringen Laubbäume wie Birken Leichtigkeit ins Spiel. Noch rustikaler und ursprünglicher wirkt ein Heidegarten, wenn Findlinge und knorrige Baumstämme dekorative Akzente setzen.

Auch im Schatten blüht es opulent

Beim Begriff Schattengarten zuckt mancher Gartenbesitzer zusammen. Für viele ist das gleichbedeutend mit »Problemgarten«! Ein Vorurteil: Schattige Gärten sind eine kreative Herausforderung. Ein solches Areal muss nicht schwierig, problematisch oder gar hoffnungslos sein. Schattenplätze bieten im Gegenteil die Chance für außergewöhnliche Lösungen.

Wichtig ist eine standort- und situationsgerechte Pflanzung: Welche Bäume sind vorhanden? Werfen sie lichten, halben oder völligen Schatten? Wie breitet sich ihr Wurzelwerk aus? Wuchsform und Äste der Bäume sollten eine Unterpflanzung mit Stauden noch ermöglichen. Ansonsten muss man eventuell »aufasten«, das heißt die unteren Äste entfernen. Sehr dichtes Wurzelgeflecht von Bäumen erschwert eine Unterpflanzung. Klären Sie auch die Fragen: Welcher Boden befindet sich dort? Wie wandert der Schatten im Laufe des Tages und wie im Zuge der Jahreszeiten? In jedem Fall heißt es: Die vorhandenen Bedingungen erkennen, akzeptieren und dann daraus das Beste machen.

Es gibt viel mehr faszinierende schöne Pflanzen, die sich für Bereiche mit wenig Sonne und Licht eignen, als Gartenbesitzer ahnen. Die Kombination von Pflanzen mit unterschiedlichen Blattformen, mit spannenden Strukturen und Oberflächen, mit vielfarbigen Grüntönen sowie weißen und gelben Blüten, die aufhellende Lichtpunkte setzen, fügt sich zu einem spannungsreichen komplexen Ensemble.

Sträucher mit schönem Habitus, am besten mehrstämmig ausladend, bilden einen harmonischen Rahmen für die Unterpflanzung von Bäumen. Ein dekorativer Kleinbaum mit waagerechtem Aufbau ist der Etagen-

Markante Blattstrukturen prägen den Reiz eines Schattengartens und ergeben eine Sinfonie in Grün. Klassiker sind Farne, Funkien und Gräser, aber auch Azaleen gedeihen prima in schattigen Bereichen.

Laubbäume mit nicht zu dichtem Blattwerk, wie dieser Streifen-Ahorn, schenken flirrenden Halbschatten. Die Blüten von Funkien und Prachtspieren setzen farbenfrohe vertikale Effekte.

Hartriegel *(Cornus controversa)*, aufrechten Wuchs hat die Samt-Hortensie *(Hydrangea aspera* subsp. *sargentiana)*. Empfehlenswert sind immergrüne Gehölze wie Lorbeerkirsche, Liguster, Stechpalme und Schneeball-Arten wie der Oster-Schneeball *(Viburnum* x *burkwoodii)*, der auch an absonnigen Plätzen gedeiht. Viele Stauden und Sträucher sind von ihren Naturstandorten her Halbschatten gewöhnt, daher existiert ein Spektrum großer Formenvielfalt, mit dem sich eine harmonisch abgestufte Szenerie unter Bäumen pflanzen lässt.

Schatten als Chance für vielfältiges Grün

Der Frühling beschert einem Schattengarten blühende muntere Farbenteppiche, die jährlich größer werden – da Schneeglöckchen, Buschwindröschen, Traubenhyazinthe, Lerchensporn und Hasenglöckchen verwildern und sich von alleine weiter ausbreiten. Wunderschön gesellt sich dazu das unverwüstliche Lungenkraut *(Pulmonaria)*, ein Kleinod im Halbschatten, das nach der Blüte monatelang mit silbrig geflecktem Laub die Blicke des Betrachters zu Boden lenkt. Geradezu eine Liebhaberpflanze, die einen Platz am vorderen Beetrand verdient, ist die Sorte *(P. saccharata)* 'Argentea', deren spitz zulaufende Blätter grausilbrig mit schmalem grünem Rand sind. Da muss man einfach hinschauen! Im Halbschatten gedeiht auch die Lenzrose am besten, die gerade einen Siegeszug in unseren Gärten feiert. Mit ihrer aparten, von Hellgrün bis Purpurrot variierenden Blütenvielfalt und dem lang anhaltenden schönen Blattwerk sollte sie in keinem Schattengarten fehlen.

Brillante kleine Lichtpunkte bilden die gelb-weißen Blüten der Waldlilie *(Trillium)*, das mit seinen großen Blättern in knackigem Grün dichte Teppiche webt. Als schöner Partner passt dazu der Beinwell mit seinen schmalen weißen Röhrenblüten, der in großen Stückzahlen lässig-elegant wirkt und eine dichte, für Unkraut undurchlässige Schicht bildet. Ein vorzüglicher Bodendecker in dichtem Schatten und bevorzugt feuchter Erde ist der Rauling *(Trachystemon orientalis)* mit imposanten, spitz zulaufenden großen Blättern in kräftigem Grün. Er kommt jedoch auch mit trockenen Gehölzrandlagen zurecht. Dazu passt als Hintergrund der Knöterich *(Bistorta amplexicaulis)*. Mit ebenfalls spitzen, großen Blättern und hohen roten Blütenähren, bildet er einen attraktiven Blickpunkt, besonders wenn er in großer Menge auftritt.

Kleinode im Schattenreich sind Waldlilien mit schneeweißer großer Blüte. Der winzige Waldmeister webt Teppiche darunter und um die wippenden rosa Blüten der Zwergherzblume.

Das Purpurglöckchen 'Creme Brûlée' mit seinen interessant gefärbten und schön geformten Blättern ziert jede Schattenzone. Aparte Partner sind hier Primeln und Nelkenwurz.

Stattliche Staudenblüten für vertikale Struktur

Der Sommer bereichert mit zahlreichen höheren Stauden, die vertikale Struktur schenken, ob als Hintergrund oder im Zentrum einer Unterpflanzung. Außerdem besitzen sie einen eleganten Habitus, interessante Blätter und oft schöne Blütenrispen, mit denen sie die Aufmerksamkeit auf sich lenken. Dazu gehören das weiß blühende Schaublatt und die Prachtspiere *(Astilbe)*. Sie ist die unübertroffene Herrscherin im Schattenreich.

Mit ihren fedrigen schaumigen Blütenrispen, die sich im Wind wiegen, bringt sie graziöse Heiterkeit und vor allem Leuchtkraft in dunkle Ecken. Die besonders leuchtstarke Sorte 'Deutschland' mag feuchtere Standorte.

Ebenbürtige Partnerin ist die noch bis in den Oktober blühende Silberkerze mit hoch aufragenden schmalen Blütenständen. Sie recken schimmernde weiße Leuchtkerzen aus dem Schatten hervor und ziehen die Blicke auf sich. Der Wald-Geißbart hat – natürlich – seine Heimat im Wald und gedeiht deswegen im Schatten bestens. Er kann bis zu zwei Meter hoch werden und seine rahmweißen, leicht geneigten Rispen aus tausenden feinster Blüten sind ein fast magischer Anblick zwischen dunklem Grün. Helle Tupfer setzen auch hohe weiße Eisenhut-Sorten, etwa *Aconitum napellus* 'Schneewittchen' oder *A. septentrionata* 'Ivorine'.

Das viel niedrigere Purpurglöckchen *(Heuchera micrantha*-Hybride) 'Citronella' bringt sich mit limonengelben Blättern ins Rampenlicht. Es hat – ein schöner Kontrast zu den größeren Blattschmuckstauden – feine dekorativ ge-

Wie ein Scheinwerfer setzt sich der hohe Wald-Geißbart mit cremeweißen Blütenrispen in Szene, er ist ein imposanter Aufheller für dunkle Ecken. Der rosa Scheinwaldmeister bildet einen schönen Saum am vorderen Beetrand.

zahnte Blätter. Mit herzförmigen, silbrig-weiß überhauchten Blättern bezaubert das Kaukasische Vergissmeinnicht *(Brunnera macrophylla)* 'Jack Frost', ähnlich wie die Taubnessel *(Lamium maculatum)* 'White Nancy', die zusätzlich mit winzigen weißen Blüten auf sich aufmerksam macht.

Schattenbereiche haben je nach Art der Laubbäume oft ein flirrendes Lichtspiel und dadurch etwas Geheimnisvolles. Da passen die zierlichen Elfenblumen mit schön gefärbtem Herbstlaub perfekt hinein, manche Arten sind immergrün. Eine originelle wie robuste Staude ist das Salomonssiegel mit seinen langen gebogenen Stängeln, unter denen winzige weiße Glöckchen wippen. Mit rund 50 Zentimeter Höhe eine schöne Unterpflanzung im hinteren Bereich von Sträuchern. Anmutige Partnerin für den Salomonssiegel ist die niedrige Schaumblüte, die im Mai dichte Teppiche mit sternförmigen weißen Blüten bildet.

Laubschmuck durch Funkien, Farne und Gräser

Der Herbst hat auch noch Juwelen für den Schattengarten parat. Die kostbarsten und anmutigsten sind weiße Herbst-Anemonen und die Lilientraube *(Liriope muscari)*, eine extravagante Staude, aus deren immergrünen Horsten auffällig violette Blütenähren ragen.

Dazu passen Gräser, die durchaus im Schattengarten »bella figura« machen. Sie verschleiern den Übergang von Baum und Boden auf graziöse Art. Waldgräser sind dezenter, gedämpfter und subtiler als ihre sonneliebenden Verwandten, aber dadurch auch vielfältig kombinierbar, untereinander sowie mit Stauden und Bodendeckern. Das Japan-Waldgras *(Hakonechloa macra)* 'Aureola' mit gelb gestreiften, leicht überhängenden

Viele Schattenpflanzen bereichern hier durch ihre bunte Blütenvielfalt die Szene: Funkien, Prachtspieren und Wolfsmilch. Die Taglilie braucht jedoch lichten Schatten, sonst entwickelt sie weniger Blüten.

Die Sterndolde ist ein Juwel, das gerade wiederentdeckt wird. Mit hauchzarten Blütenköpfen in Weiß-Rosa bis Dunkelrot an verzweigten Stängeln setzt sie romantische Farbtupfer.

Mit seinen hohen Blütenkerzen ist Fingerhut ein höchst dekorativer Blickpunkt. Ob cremeweiß, gelb, dunkelrot oder in der Naturform purpurrosa – ihn umgibt märchenhafte Wildnis-Aura.

Blättern ist im Halbschatten ein hübscher Aufheller. Fast alle Seggen-Arten sind schattenverträglich. Die immergrüne Riesen-Segge erträgt sogar vollen Schatten, die zierlichen Marbeln gedeihen am besten im Halbschatten bis Schatten.

Den Schatten aufhellen

Weiß gerandete oder gefleckte Pflanzen sind für den Schatten ideal. Ob niedrig oder hoch, stets ist die Wirkung markant. Beim Mix verschiedener panaschierter Arten sollte man darauf achten, dass er nicht zu künstlich wirkt. Ein harmonisch-elegantes Aufheller-Duo bilden Aronstab und weiß blühende Frühlings-Anemonen.

Unverzichtbar für den wenig sonnenverwöhnten Garten sind Funkien. Sie sind die perfekten Diplomaten unter den Stauden, weil sie mit ihren markanten breiten Blattformen und aussagekräftigen Grüntönen und Maserungen eigentlich überall hinpassen. Es gibt hellgrüne, gefleckte (z. B. 'Summer Music', und 'Pandora's Box'), gestreifte, weiß gerahmte ('Patriot'), bläuliche und tief dunkelgrüne Sorten. Alle erregen im Sommer zusätzlich mit aparten Blütenrispen in Weiß oder Violett Aufmerksamkeit. Sie sind ideale Vordergrundpflanzen wie auch Füllpflanzen inmitten eines Beetes und wirken am besten in Reihen oder größeren Gruppen gepflanzt. Eine Funkie mit sehr intensiver Leuchtkraft ist die gelbe Grünrand-Funkie 'Gold Standard', deren goldgelbe Blätter von einem schmalen grünen Rand gefasst werden. Panaschierte Sträucher, Stauden und Gräser setzen nicht nur frische helle Tupfer in dunkle Ecken, sie vermitteln auch durch die elegante grünweiße Kombination eine Atmosphäre von heiterer Grandezza.

Spannende Kombinationen

Die Traum-Paarung im Schattengarten ist die Liaison von Funkien und Farnen. Letztere sind wahre Überlebenskünstler, weil sie auch mit sehr wenig Licht auskommen. Nur unter Koniferen finden Farne – bis auf den Rippenfarn – nicht die gewünschten Bedingungen für gutes Wachstum. Die faszinierenden Boten aus der Urzeit vermitteln Waldzauber, sind unverzichtbar für schattige Bereiche und gute Partner für viele Stauden. Sie bezaubern durch filigrane Eleganz, können bestimmte Pflanzareale verbinden – oder optisch abgrenzen – und ihre Vielfalt an Größen, Formen und Farben ist schier endlos.

Es gibt stolze Solitäre wie Regenbogenfarn, Königsfarn und Straußfarn, ansonsten wirken Farne schön in lockeren Gruppen mit Stauden oder Gräsern. Ein teilweise wintergrüner Farn ist der Weiche Schildfarn *(Polystichum setiferum)*. Mit bis zu einem Meter hohen Wedeln ist er ein guter Begleiter für Japan-Anemonen, Prachtspieren und Silberkerzen. Der Wurmfarn ist der Einzige, der sich auch trockenen Schatten gefallen lässt. Paart man hohe Farne mit weißem oder cremefarbenem Fingerhut, gibt das leuchtende vertikale Effekte und verbreitet einen Hauch von Märchenaura im Schattenreich.

Die schönsten niedrigen Bodendecker im Schattengarten sind Immergrüne, etwa der Klassiker Efeu und der Teppich-Hartriegel *(Cornus canadensis)*. Letzterer bringt einen mit seinen kleinen viereckigen Blütensternchen im Frühjahr und knallroten Beeren im Herbst tatsächlich dazu, sich zu bücken, um dieses feine, flach kriechende Gehölz im Schattengarten zu bestaunen.

Der niedrige Zwerg-Geißbart *(Aruncus aethusifolius)* 'Woldemar Meier' bezaubert mit filigran gefiederten Blütenrispen an roten Stängeln. Ein verspielt-eleganter Aufheller und schön in großen Gruppen.

Adressen, die Ihnen weiterhelfen

Baumschulen

Späth'sche Baumschulen
Handel GmbH
Späthstraße 80/81
12437 Berlin
Tel.: 0 30 / 63 90 03-0
www.spaethsche-baumschulen.de

Baumschule H. Lorberg GmbH
Zachower Straße 4
14669 Ketzin-Tremmen
Tel.: 0 33 23 3 / 8 40
www.lorberg.com

Lorenz von Ehren
Baumschule
Maldfeldstr. 4
21077 Hamburg
Tel.: 0 40 / 76 10 80
www.lve.de

Bruns Pflanzen-Export GmbH
Johann-Bruns-Allee 1
26160 Bad Zwischenahn
Tel.: 0 44 03 / 6 01-0
www.bruns.de

Bonk Baumschulen
Heinrichstraße 13
26160 Bad Zwischenahn
Tel.: 0 44 03 / 25 86
www.bonk-baumschulen.de
(Spezialität: Formgehölze, Solitärpflanzen)

Baumschule Müller
Richtmoorstraße 6a
26160 Bad Zwischenahn
Tel.: 0 44 03 / 38 22
www. baumschulen-mueller.de
(Spezialität: Formgehölze)

Baumschule Sandstede
Asreg 14
26160 Bad Zwischenahn
Tel.: 0 44 03 / 52 28
www.magicwinter.de
(Spezialität: Hamamelis)

Vorwerk Gartenwelt
Oldenburger Straße 100
26180 Rastede
Tel.: 0 44 02 / 47 27
www.vorwerk-rastede.de

Zu Jeddeloh Pflanzen
Postfach 1362
26183 Jeddeloh
Tel.: 0 44 05 / 91 80 55
www.jeddeloh.de

Baumschule G.D. Böhlje
Oldenburger Straße 9
26655 Westerstede
Tel.: 0 44 88 / 9 98 60
www.boehlje.de
(Spezialität: Rhododendron, Gehölzraritäten)

Baumschule Gillerke
Kreyenhooper Straße 40
27777 Bookholzberg
Tel.: 0 44 23 / 28 43

Baumschule Hobbie
Zum Hullen 3
26655 Westerstede
Tel.: 0 44 88 / 22 94
www.hobbie-rhodo.de
(Spezialität: Rhododendron-Wildarten)

Gartenbaumschule Tönjes
Nordenholzer Straße 25
27798 Hude
Tel.: 0 44 08 / 3 87

Pflanzenhof Schachtschneider
Iserloyer Straße 2
27801 Dötlingen
Tel.: 0 44 33 / 91 91 00
www.schachtschneider.com
(großes Sortiment, Kugelbäume)

Baumschulen Lappen
Herrenpfad 14
41334 Nettetal-Kaldenkirchen
Tel.: 0 21 57 / 81 8-0
www.lappen.de

Baumschule Igel
Im Eickrode 10
49565 Engter
Tel.: 0 54 68 / 15 84
www.baumschule-igel.de

Bioland-Baumschule Pöhler
Flachsmoor 1
49685 Höltinghausen
Tel.: 0 44 73 / 13 35
www.bioland-baumschule.de
(Spezialität: Wildobst)

Baumschulen Huben
Schriesheimer Fußweg 7
68526 Ladenburg
Tel.: 0 62 03 / 9 28 00
www.huben.de

Wörlein Baumschulen
Baumschulweg 9
86911 Dießen a. Ammersee
Tel.: 0 88 07 / 9 21 00
www.woerlein.de

Rosen

Rosenrot Pflanzenversand (BKN Strobel)
Besenbek 4b
25335 Raa-Besenbek
Tel.: 0 41 21 / 42 38 84
www.rosarot-pflanzenversand.de

W. Kordes' Söhne
Rosenschulen
Rosenstr. 34
25365 Klein Offenseth-Sparrieshoop
Tel.: 0 41 21 / 4 87 00
www.kordes-rosen.com

Rosen Tantau
Tornescher Weg 13
25436 Uetersen
Tel.: 0 41 22 / 70 84
www.rosen-tantau.com

Baumschule Rosenzeiten
Steegenweg 14
26160 Bad Zwischenahn
Tel.: 0 44 03 / 7 11 57
www.rosenzeiten.de

Noack-Rosen
Baum- und Rosenschulen
Im Fenne 54
33334 Gütersloh
Tel.: 0 52 41 / 2 01 87
www.noack-rosen.de

Baum- und Rosenschule Schubert
Zur Alten Burg 5
40670 Meerbusch
Tel.: 0 21 59 / 71 22
www.baumschulen-schubert.de

Ruf, Bioland-Rosenschule
Zum Sauerbrunnen 35
61231 Bad Nauheim-Steinfurt
Tel.: 0 60 32 / 8 18 93
www.rosenschule-ruf.de

Rosenhof Schultheis
Bad Nauheimer Straße 3-7
61231 Bad Nauheim-Steinfurth
Tel.: 0 60 32 / 92 52 80
www.rosen-schultheis.de

Österreich

Grumer Rosen
Raasdorfer Str. 28-30
A-2285 Leopoldsdorf
Tel.: 00 43 / 22 16 / 2 22 30
www.grumer.at

Schweiz

Richard Huber AG
Rothenbühler Str. 8
CH-5605 Dottikon
Tel.: 00 41 / 56 / 6 24 18 28
www.rosen-huber.ch

Bambus

Bambus-Informationszentrum
Ramhorster Straße 1-2
31275 Lehrte
Tel.: 0 51 36 / 57 42
www.bambus-info.de

Bambus Willumeit
Nussbaumallee 69
64297 Darmstadt
Tel.: 0 61 51 / 53 80 08
www.bambus-willumeit.de

Bambus-Centrum
Wolfgang Eberts
Saarstraße 3-5
76532 Baden-Baden
Tel.: 0 72 21 / 5 07 40
www.bambus.de

Kletterpflanzen, Clematis

Clematis-Kulturen
F.-M. Westphal
Peiner Hof 7
25497 Prisdorf
Tel.: 0 41 01 / 7 41 04
www.clematis-westphal.de

Baumschule Wilhelm Kruse
Wallenbrücker Straße 14
49328 Melle
Tel.: 0 52 26 / 98 98 66
www.clematis.de

Blumen & Passiflora
Torsten Ulmer
Hevener Str. 18
58455 Witten
Tel.: 0 23 02 / 2 62 76
www.blumen-passiflora.de

Stauden

StaudenRing
Im Drielaker Moor 33
26135 Oldenburg
Tel.: 04 41 / 36 10 98 77
www.staudenring.com

Staudenkulturen Wichmann
Wallweg 1
26215 Wiefelstede
Tel.: 0 44 02 / 66 09
www. stauden-wichmann.de

Staudengärtnerei Bremermann
Neuenkruger Straße 5
26215 Wiefelstede-Gristede
Tel.: 0 44 03 / 49 59
www.bremermann-stauden.de
(Spezialität: Hemerocallis)

Staudengärtnerei
Bornhöved OHG
Plöner Straße 10
24619 Bornhöved
Tel.: 0 43 23 / 65 80
www.staudengaerten.de

Mühring Stauden
Hauptstraße 167
26810 Westoverledingen-Völlenerfehn
Tel.: 0 49 61 / 91 60 55
(Spezialität: Pagels-Züchtungen, Schattenstauden, Gräser)

Annemarie Eskuche
Am Söhnholz
29664 Ostenholz
Tel.: 0 51 67 / 2 87
www.stauden-eskuche.de

Hagemann Staudenkulturen
Walsroder Straße 324
30855 Langenhagen-Krähenwinkel
Tel.: 0 511 / 73 76 44
www.hagemann-staudenkulturen.npage.de

Staudengärtnerei Junge
Matthias Großmann
Seeangerweg 1
31787 Hameln
Tel.: 0 51 51 / 34 70
www.bluetenblatt.de

Staudengärtner H.-R. Klose
Rosenstr. 10
34253 Lohfelden
Tel.: 0 56 1 / 51 55 55
www.staudengaertner-klose.de

Staudengärtnerei
Arends-Maubach
Monschaustraße 76
42369 Wuppertal-Ronsdorf
Tel.: 0 20 2 / 46 46 10
www.arends-maubach.de

Staudengärtnerei Stade
Beckenstrang 24
46325 Borken
Tel.: 0 28 61 / 26 04
www.stauden-stade.de

Staudengärtnerei Gräfin von Zeppelin
Weinstraße 2
79295 Sulzburg-Laufen
Tel. 0 76 34 / 6 97 16
www.graefin-v-zeppelin.com

Staudengärtnerei
Dieter Gaissmayer
Jungviehweide 3
89257 Illertissen
Tel.: 0 73 03 / 72 58
www.gaissmayer.de

Gärtnerei Simon
Staudenweg 2
97828 Marktheidenfeld
Tel.: 0 93 91 / 35 16
www.gaertnerei-simon.de

Niederlande

Piet Oudolf
Broekstraat 17
NL-6999 De Hummelo
www.oudolf.com

Blumenzwiebeln und -knollen

Gärtnerei Engelhardt
»Dahlienheim«
Güterbahnhof 53
01809 Heidenau b. Dresden
Tel.: 0 35 29 / 51 20 69
www.engelhardt-dahlienheim.de
(großes Dahliensortiment)

Albrecht Hoch
Potsdamer Str. 40
14163 Berlin
Tel.: 0 30 / 8 02 62 51
www.albrechthoch.de

Treppens & Co. Samen GmbH
Berliner Straße 84-88
14169 Berlin
Tel.: 030 / 8 11 33 36
www.treppens.de

Horst Gewiehs
Blumenzwiebelimport und -großhandel
Postfach 30
37285 Wehretal
Tel.: 0 56 51 / 33 62 49
www.gewiehs-blumenzwiebeln.de

Zwiebelgarten Reinhold Krämer
Waldstetter Gasse 4
73525 Schwäbisch Gmünd
Tel.: 0 71 71 / 92 87 12
www.zwiebelgarten.de

Der Blumenzwiebelversand
Bernd Schober
Stätzlinger Str. 94a
86165 Augsburg
Tel.: 08 21 / 72 98 95 00
www.der-blumenzwiebelversand.de

Niederlande

Van Tubergen
Leidsevaartweg 46
2106 NA Heemstede
Nederland
Tel.: 00 31 / (0) 23 / 5 84 91 54
www.vantubergen.nl

Kräuter, Duftpflanzen, Gemüse

Die Kräuterei
Alexanderstraße 29
26121 Oldenburg
Tel.: 04 41 / 88 23 68
www.kraeuterei.de

Rühlemann's
Kräuter und Duftpflanzen
Auf dem Berg 2
27367 Horstedt
Tel.: 0 42 88 / 92 85 58
www.ruehlemanns.de

Herb's
Stedinger Weg 16
27801 Dötlingen-Nuttel
Tel.: 0 44 32 / 94 0 03
www.herb-s.de

Bruno Nebelung
Siehe unter »Saatgut«

Syringa Duftpflanzen und Kräuter
Bernd Dittrich
Bachstr. 7
78247 Hitzingen-Binningen
Tel.: 0 77 39 / 14 52
www.syringa-pflanzen.de

Raritätengärtnerei
Franz Treml
Eckerstraße 32
93471 Arnbruck
Tel.: 0 99 45 / 90 51 00
www.pflanzentreml.de

Österreich

Gartenbau Wagner
Gutendorf 36
A-8353 Kapfenstein
Tel.: 0043 / (0) 31 57 / 23 95
www.gartenbauwagner.at

Wasserpflanzen

Eberhard Schuster
Wasserpflanzen
Kladower Weg 6
19089 Crivitz, OT Augustenhof
Tel.: 0 38 63 / 22 27 05
www.wasserpflanzen-schuster.de

Re-Natur GmbH
Charles-Ross-Weg 24
24601 Ruhwinkel
Tel.: 0 43 23 / 9 01 00
www.re-natur.de

Seerosen-Farm
Erhard Oldehoff
Sieglmühle 2
94051 Hauzenberg
Tel.: 0 85 86 / 16 93
www.seerosen.de

Österreich

Biotop
Hauptstraße 285
A-3411 Weidling
Tel: 00 43 / (0) 22 43 / 3 04 06
www.swimming-teich.com

Saatgut für Blumen, Kräuter und Gemüse

Quedlinburger Saatgut GmbH
Dieselstraße 1
06449 Aschersleben
Tel.: 0 34 73 / 84 06 66
www.quedlinburger-saatgut.de

Albert Treppens & Co Samen
Berliner Str. 84-88
14169 Berlin
Tel.: 0 30 / 8 11 33 36
www.treppens.de

Thompson & Morgan
Postfach 1069
36243 Niederaula
Tel.: 08 00 / 1 83 07 88
www.thompson-morgan.de

Bruno Nebelung GmbH & Co.
Kiepenkerl Pflanzenzüchtung
Freckenhorster Straße 32
48351 Everswinkel
Tel.: 0 25 82 / 67 00
www.kiepenkerl.de

Baldur-Garten
Elbinger Straße 12
64625 Bensheim
Tel.: 0 18 05 / 10 35 55
www.baldur-garten.de

N.L. Chrestensen
Erfurter Samen- und Pflanzenzucht GmbH
Witterdaer Weg 6
99092 Erfurt
Tel.: 03 61 / 2 24 50
www.chrestensen.de

Gartenmöbel, Schirme & Co.

GARPA
Garten- und Park Einrichtungen GmbH
Kiehnwiese 1
21039 Escheburg
Tel.: 0 41 52 / 92 52 00
www.garpa.de

DEDON
Zeppelinstraße 22
21337 Lüneburg
Tel.: 0 41 31 / 22 44 70
www.dedon.de

GartenLand Vogt
Bremer Heerstraße 83
26135 Oldenburg
Tel.: 04 41 / 92 51 39
www.holzland-vogt.de
(u. a. Gartenbank im Bild S. 64)

Wohnwelt von Harten
Hilgenholter Straße 49
26345 Bockhorn
Tel.: 0 44 53 / 9 79 30
www.wohnwelt-von-harten.de
(u. a. Sitzgruppe im Bild S. 65)

Hollweger Traumgarten
Am Wehlen 8
26655 Westerstede
Tel.: 0 44 88 / 22 79
www.hollweger-traumgarten.de
(u. a. Holzbank im Bild S. 62)

Garten-, Landschafts- und Kulturbau Korpis
Hammelwarder Außendeich 2
26919 Brake
Tel.: 0 44 01 / 43 54
www.korpis.de
(u. a. gelbe Holzhütte im Bild S. 137)

Romantic Pavillon
Konrad-Adenauer-Straße 31
27239 Twistringen
Tel.: 0 42 71 / 95 31 61
www.romantic-pavillon.de
(u. a. Pavillon im Bild S. 60)

GarVida
Dornaper Straße 18
42327 Wuppertal
Tel.: 0 20 58 / 92 18 41
www.garvida.de
(Ausleger-Sonnenschirme)

Unopiù
Am Dornbusch 24-26
64390 Erzhausen
Tel.: 0 61 50 / 9 75 30
www.unopiu.de

Gefäße und Accessoires

Paradies-Gartengalerie
Isolde Fritsch-Hamann
Ollerlohstraße 16
25337 Elmshorn
Tel.: 0 41 21 / 7 00 33 44
www.paradies-gartengalerie.de

Gärtnerei Dahlmann
Osttor 250
48165 Münster-Hiltrup
Tel.: 0 25 01 / 37 55
www.blumen-dahlmann.de

Blumenbinderei Karen Pohlmann
Schapdettener Straße 7
48301 Nottuln
Tel.: 0 25 02 / 37 07
www.blumenbinderei-pohlmann.de

Casa Grandiflora
Hirtstr. 61
52525 Heinsberg
Tel.: 0 24 52 / 15 52 70
www.casagrandiflora.de
(Impruneta-Keramik und Gartendeko)

Arte Toscana
Eglinger Str. 18
82544 Moosham
Tel.: 0 81 76 / 4 28
www.arte-toscana.de

Licht für den Garten

Detlef Coldewey GmbH
Burgstraße 6
26655 Westerstede
Tel.: 0 44 88 / 8 38 40
www.coldewey.de
(u. a. Lichtkugeln, siehe Bild S. 66)

Moonlight GmbH
Öflingerstraße 41
79664 Wehr
Tel.: 0 77 62 / 7 09-0
www.moonlight.info
(u. a. Licht-Halbkugeln, siehe Bild S. 67)

Die Geflecht-Kugel auf Seite 68 heißt »Fil-de-fer« und stammt von der Firma Catellani & Smith und ist im Fachhandel erhältlich.

Das Lichtobjekt »Ona« des Designers Jordi Jané im Bild S. 69 stammt von Firma Milan und ist ebenfalls im Fachhandel erhältlich.

Kunstobjekte für den Garten

Werkschule Oldenburg - Werkstatt für Kunst und Kulturarbeit
Hochheider Weg 169
26125 Oldenburg
Tel.: 04 41 / 38 29 30
www.werkschule.de
(u. a. Installation »Fliegende Fische« auf S. 71)

Elke Tholen
Am Poggenpohl 2-4
27801 Dötlingen
Tel.: 0 44 33 / 5 37
(u. a. Keramik »Mauerblümchen« auf S. 71 und S. 140)

Christel Lechner
Stoltenbergstraße 15
58456 Witten
Tel.: 02 33 02 / 7 50 22
www.christel-lechner.de
(u. a. Skulptur »Badende Dame« auf S. 70)

Wasser-Objekte

Garten- und Landschaftsbau Spilker
Oberströmische Straße 8
26939 Großenmeer
Tel.: 0 44 83 / 15 36
www.galabau-spilker.de
(u. a. Miniaturbrunnen Ziegelmauer auf S. 133)

Garten- und Landschaftsbau Döhlert
Auf dem Hagendorf 1
34516 Dorfitter
Tel.: 0 56 31 / 20 68
www.gartenkunst-doehlert.de
(u. a. Quellstein aus Travertin auf S. 132)

Garten- und Landschaftsbau Lüske
Auf dem Höwel 14
49740 Haselünne
Tel.: 0 59 61 / 9 41 40
www.lueske-galabau.de
(u. a. Wasserspiel mit Marmor-Kugeln auf S. 133)

Verbände und Kontaktadressen

Gärtner von Eden
Auf der Horst 34
33335 Gütersloh
Tel.: 0 52 41 / 21 14 60
www.gaertner-von-eden.de

GaLaBau-Service GmbH
Verbände des Garten-, Landschafts- und Sportplatzbaus
Alexander-von-Humboldtsraße 4
53604 Bad Honnef
Tel.: 0 22 4 / 7 70 70
www.galabau.de

Literatur

Baumhauer: Wasser im Garten. Das große Ideenbuch. Becker Joest Volk Verlag, Hilden 2008

Blancke, Rolf: Kunstwerke in Grün. Verlag Eugen Ulmer, Stuttgart 1996

Borstell, Ursel & Kluth, Silke: GartenBlicke. BLV Buchverlag, München 2005

Borstell, Ursel & Balgar, Sabine: Wohnen im Garten. DVA, München 2008

Breckwoldt, Michael: Cottage-Gärten. BLV Buchverlag, München 2009

Brookes, John: Grosse Gartenschule. Christian Verlag, München 1992

Chatto, Beth: Im grünen Reich der Stauden. Verlag Eugen Ulmer, Stuttgart 1991

Christmann, Andrea: Design mit Holz, Stein und Metall. Becker Joest Volk Verlag, Hilden 2009

Erhardt, Walter: Hemerocallis/ Taglilien. Verlag Eugen Ulmer, Stuttgart 1988

Foerster, Karl: Ein Garten der Erinnerung. Verlag Eugen Ulmer, Stuttgart 2009

Hagen, Thomas & Borstell, Ursel: Welche Pflanze passt wohin? BLV Buchverlag, München 2008

Hobhouse, Penelope: Der Garten. Eine Kulturgeschichte. Dorling Kindersley, London 2002

Hofmeister, Kathrin: Gräsergärten. Callwey Verlag, Stuttgart 2001

Howcroft, Heidi: Neue Ideen für schattige Gärten. Callwey Verlag, Stuttgart 2000

Kreß, Christian: Faszination Stauden. Agrar Verlag, Wien 2006

Kreuter, Marie-Luise: Der Biogarten. BLV Buchverlag, München 2009

Leyhe, Ulrike: Gräser und Farne. BLV Buchverlag, München 2007

Markmann, Erika u. Lothar: Der Wassergarten. Hörnemann Verlag, Bielefeld 1991

Lammerting, Kristin: Gärten im Englischen Stil. BLV Buchverlag, München 2009

Leppert, Stefan: Zwischen Gartengräsern. DVA Verlag, München 2008

Lloyd, Christopher: Faszination Farbe im Garten. Callwey Verlag Stuttgart, 2002

Lord, Tony: Sissinghurst - Der schönste Garten Englands. Dumont, Köln 2000

Oudolf, Piet: Neues Gartendesign mit Stauden und Gräsern. Verlag Eugen Ulmer, Stuttgart 1999

Russell, Vivian: Monets Giverny - Der schönste Garten Frankreichs. Dumont, Köln, 2002

Tornieporth, Gerda: Buchs im Garten. BLV Buchverlag, München 2003

Verstl, Antje: Buchs & Co. Gräfe und Unzer Verlag, München 2007

Waechter, Dorothée; Formschnitt. BLV Buchverlag, München 2005

Warda, Hans-Dieter: Das große Buch der Garten- und Landschaftsgehölze. Bruns Pflanzen Export GmbH, Bad Zwischenahn 2002

Über die Autoren

Ursel Borstell hat an der Folkwang-Schule in Essen Foto- und Grafikdesign bei einem der wichtigsten deutschen Grafik-Designer, Professor Willy Fleckhaus, studiert und zählt bereits seit vielen Jahren zu den gefragtesten Gartenfotografinnen Deutschlands. Schwerpunkte der leidenschaftlichen Gärtnerin sind Garten- und Pflanzenfotografie; ihre Bilder werden in zahlreichen renommierten Zeitschriften und Büchern veröffentlicht.

Christa Hasselhorst arbeitete nach einem Volontariat bei einer Tageszeitung als Autorin für ein Wohnmagazin in Hamburg und war Kulturredakteurin bei Radio Hamburg. Anschließend wechselte sie die Seiten und war als Pressesprecherin für die Staatsoper und danach für das Thalia Theater in Hamburg tätig. Seit 1997 ist sie freie Journalistin in Berlin, schreibt seitdem für Zeitungen und Magazine (u. a. VOGUE) im Bereich Kultur. Mit dem Umzug nach Potsdam 2001 zählt dazu auch die Gartenkunst. 2004 erschien ihr Buch »Meister der Gartenkunst« und 2009 zusammen mit Ursel Borstell »Der Park der Villa Hügel«.

Bibliografische Information der Deutschen Nationalbibliothek

Die Deutsche Nationalbibliothek verzeichnet diese Publikation in der Deutschen Nationalbibliografie; detaillierte bibliografische Daten sind im Internet über http://dnb.d-nb.de abrufbar.

BLV Buchverlag GmbH & Co. KG
80797 München

Bildnachweis:
Alle Fotos von Ursel Borstell.

Sämtliche Bilder wurden im Park der Gärten in Bad Zwischenahn aufgenommen, mit Ausnahme folgender Motive:
S. 13, 55 li., 57 u., 74, 77 o., 117: Chelsea Flower Show, London (Großbritannien); S. 15 o., 95, 124 u.M., 130 u.re.: Ursel Borstell, Essen; S. 23 u.: Heikie Hoeksma, Harkema (Niederlande); S. 49 o., 131 o.re.: Dr. Bernhard Gätjen, Sandkrug; S. 51 o., 64: Petra Eberhardt und Willi Delsing, Bottrop; S. 63 o. Ingrid Adelt, Hattingen/D; S. 1, 76: Familie Einhaus, Dorsten (Gartenarchitektur: Rosenhaege Living Gardens, Niederlande); S. 85: Baumschule Ubbo Kruse, Bad Zwischenahn; S. 107 re., 152: Jardins Valerian, Ennecuit (Frankreich); S. 110 u., 155: Baumschule Bonk, Bad Zwischenahn; S. 111: Reinhad Müller, Issum; S. 112: Delf-Peter Möller, Detmold; S. 116: Familie Timmermans, Wouw (Niederlande); S. 120: Rose-Marie van Herel, Wouw (Niederlande); S. 121 o.: Jardin Clos de Coudray, Etaimpuis (Frankreich); S. 121 u.: Sabine Lorenz, Bergheim; S. 151: Susanne Fromme, Hattingen

Umschlagfotos: Ursel Borstell

Der Japan-Garten auf dem Titelbild stammt aus dem Park der Gärten, Bad Zwischenahn, und wurde von der Baumschule Höpken gestaltet (www.big-bonsai.de).

Lektorat: Dr. Thomas Hagen, Ute Bauer
Herstellung: Ruth Bost
Layout: Anton Walter, Gundelfingen
Satz: agentur walter, Gundelfingen

Gedruckt auf chlorfrei gebleichtem Papier

Printed in Germany
ISBN 978-3-8354-0633-9